机电一体化系列教材

PLC 及传感器技术

主　编　卢美鸿　李正伟
副主编　金春凤　吴　磊

苏州大学出版社

图书在版编目(CIP)数据

PLC及传感器技术 / 卢美鸿,李正伟主编. —苏州:苏州大学出版社, 2018.12
机电一体化系列教材
ISBN 978-7-5672-2725-5

Ⅰ.①P… Ⅱ.①卢… ②李… Ⅲ.①PLC技术-高等职业教育-教材②传感器-高等职业教育-教材 Ⅳ.①TB4②TP212

中国版本图书馆CIP数据核字(2018)第295835号

PLC及传感器技术
卢美鸿 李正伟 主编
责任编辑 周建兰
助理编辑 杨 冉

苏州大学出版社出版发行
(地址:苏州市十梓街1号 邮编:215006)
苏州工业园区美柯乐制版印务有限责任公司
(地址:苏州工业园区东兴路7-1号 邮编:215021)

开本 787mm×1 092mm 1/16 印张 8.75 字数 192千
2018年12月第1版 2018年12月第1次印刷
ISBN 978-7-5672-2725-5 定价:24.00元

苏州大学版图书若有印装错误,本社负责调换
苏州大学出版社营销部 电话:0512-67481020
苏州大学出版社网址 http://www.sudapress.com
苏州大学出版社邮箱 sdcbs@suda.edu.cn

前 言 Preface

可编程控制器(PLC)是一种新型的工业用计算机,具有如下特点:可靠性高、抗干扰能力强;配套齐全、功能完善、适用性强;易学易用;系统的设计、编程和安装工作量小。因此,PLC 被广泛应用于各行各业中,对传统产业的自动化改造、设备的技术更新起着越来越重要的作用。传感器作为检测装置是自动控制系统的首要环节,其发展日新月异。

在编写思想上,本书遵循“以学生为主体,以能力培养为中心,以技能训练为主线,以理论知识为支撑”,按项目化模式编写教材。

在内容的选择上,本书从学生的实际出发,按照岗位能力要求,以理论够用、重在增强技能、体现现代新技术应用的原则来确定教材内容,力求内容全面,强弱得当。本书主要以三菱 FX2 系列小型 PLC 为例,介绍了 PLC 的基础知识、基本指令、步进指令、功能指令、特殊功能模块、外围设备等。

在内容的阐述上,本书力求简明扼要、层次清楚、图文并茂、通俗易懂;在结构的编排上,遵循循序渐进、由浅入深。

本书由卢美鸿、李正伟任主编,由金春凤、吴磊任副主编。李正伟负责全书的组织和统稿,卢美鸿负责全书的审稿和项目四的部分内容及项目六的编写,金春凤、吴磊参与了项目四中部分任务的编写,其余内容都由李正伟编写。项目四的制图得到了浦嘉浚老师的帮助,在此表示诚挚的谢意!

由于编写水平有限,时间仓促,书中难免存在不妥之处,恳请广大读者批评指正。

目录 Contents

项目一　可编程控制器基础知识

任务一　认识 PLC

1. 什么是 PLC

可编程控制器(Programmable Controller,简称 PLC)是在电器控制技术和计算机技术的基础上开发出来的,并逐渐发展成为以微处理器为核心,把自动化技术、计算机技术、通信技术融为一体的新型工业控制装置。目前,PLC 已被广泛应用于各种生产机械和生产过程的自动控制中,成为一种最重要、最普及、应用场合最多的工业控制装置,被公认为现代工业自动化的三大支柱(PLC、机器人、CAD/CAM)之一。

国际电工委员会(IEC)于 1987 年颁布了可编程控制器标准草案第三稿。在草案中对可编程控制器定义如下:"可编程控制器是一种数字运算操作的电子系统,专为在工业环境下应用而设计。它采用可编程序的存储器,用来在其内部存储执行逻辑运算、顺序控制、定时、计数和算术运算等操作的指令,并通过数字式和模拟式的输入和输出,控制各种类型的机械或生产过程。可编程控制器及其有关外围设备,都应按易于与工业系统连成一个整体,易于扩充其功能的原则设计。"该定义强调了 PLC 能直接应用于工业环境,必须具有很强的抗干扰能力、广泛的适应能力和广阔的应用范围。这是 PLC 区别于一般微机控制系统的重要特征。同时,该定义也强调了 PLC 用软件方式实现的"可编程"与传统控制装置中通过硬件或硬接线的变更来改变程序的本质区别。

近年来,PLC 发展很快,几乎每年都有不少新系列产品被推出。PLC 的功能已远远超出了上述定义的范围。

2. PLC 的产生与发展

在 PLC 出现前,在工业电气控制领域中,继电器控制占主导地位,应用非常广泛。但是继电器控制系统存在体积大、可靠性低、查找和排除故障困难等缺点，特别是其接线复杂、不易更改，对生产工艺变化的适应性差。

1968年，为了适应汽车型号不断更新，生产工艺不断变化的需要，实现小批量、多品种生产，美国通用汽车公司(GM)希望有一种新型工业控制器，它能做到尽可能减少重新设计、更换电器控制系统及接线，以降低成本，缩短周期。于是就设想将计算机的功能强大、灵活、通用性好等优点与电器控制系统的简单易懂、价格便宜等优点结合起来，制成一种通用控制装置，而且这种装置采用面向控制过程、面向问题的"自然语言"进行编程，使不熟悉计算机的人也能很快掌握使用。

1969年美国数字设备公司(DEC)根据美国通用汽车公司的这种要求，研制出世界上第一台PLC，并在通用汽车公司的自动装配线上试用，取得了很好的效果。之后这种装置迅速发展起来。

早期的PLC仅有逻辑运算、定时、计数等顺序控制功能，只是用来取代传统的继电器控制，通常称为可编程逻辑控制器(Programmable Logic Controller)。随着微电子技术和计算机技术的发展，20世纪70年代中期微处理器技术被应用到PLC中，使PLC不仅具有逻辑控制功能，还具有算术运算、数据传送和数据处理等功能。

20世纪80年代以后，随着大规模、超大规模集成电路等微电子技术的迅速发展，16位和32位微处理器被应用于PLC中，不仅使PLC的控制功能增强，可靠性提高，功耗、体积减小，成本降低，编程和故障检测更加灵活方便，而且使PLC具有通信和联网、数据处理和图像显示等功能，真正成为具有逻辑控制、过程控制、运动控制、数据处理、联网通信等功能的名副其实的多功能控制器。

从近年的统计数据看，在世界范围内PLC产品的产量、销量、用量高居工业控制装置榜首，而且市场需求量一直以每年15%的比例上升。PLC已成为工业自动化控制领域中占主导地位的通用工业控制装置。

3. PLC的特点与应用领域

(1) PLC的特点

PLC之所以高速发展，除了因为工业自动化的客观需要外，主要是因为它具有许多独特的优点。它较好地解决了工业领域普遍关心的可靠、安全、灵活、方便、经济等问题。它主要有以下特点：

① 可靠性、抗干扰能力强。

可靠性、抗干扰能力强是PLC最重要的特点之一。PLC的平均无故障时间可达几十万个小时。之所以有这么强的可靠性，是由于它采用了一系列的硬件和软件的抗干扰措施：

a. 硬件方面。

I/O 通道采用光电隔离，有效地抑制了外部干扰源对 PLC 的影响；对供电电源及线路采用多种形式的滤波，从而消除或抑制了高频干扰；对 CPU 等重要部件采用良好的导电、导磁材料，以减少空间电磁干扰；对有些模块设置了联锁保护、自诊断电路等。

b. 软件方面。

PLC 采用扫描工作方式，减少了外界环境干扰引起故障的情况。PLC 系统程序中设有故障检测和自诊断程序，能对系统硬件电路等故障实现检测和判断。当有外界干扰引起故障时，PLC 能立即将当前重要信息加以封存，禁止任何不稳定的读写操作，一旦外界环境正常后，PLC 便可恢复到故障发生前的状态，继续原来的工作。

② 编程简单、使用方便。

目前，大多数 PLC 采用的编程语言是梯形图语言。它是一种面向生产、面向用户的编程语言。梯形图与电器控制线路图相似，形象、直观，用梯形图语言编程比较方便、灵活。当生产流程需要改变时，工程技术人员可以现场改变程序。同时，PLC 编程器的操作和使用也很简单。这也是 PLC 获得普及和推广的主要原因之一。

许多 PLC 还针对具体问题，设计了各种专用编程指令及编程方法，进一步简化了编程。

③ 功能完善、通用性强。

现代 PLC 不仅具有逻辑运算、定时、计数、顺序控制等功能，而且具有 A/D 和 D/A 转换、数值运算、数据处理、PID 控制、通信联网等许多功能。同时，由于 PLC 产品的系列化、模块化，有品种齐全的各种硬件装置供用户选用，可以组成满足各种要求的控制系统。

④ 设计安装简单、维护方便。

由于 PLC 用软件代替了传统电气控制系统的硬件，控制柜的设计、安装接线工作量大为减少。PLC 的用户程序大部分可在实验室进行模拟调试，这缩短了应用设计和调试周期。在维修方面，由于 PLC 的故障率极低，故维修工作量很小；而且 PLC 具有很强的自诊断功能，如果出现故障，工程技术人员可根据 PLC 上指示或编程器上提供的故障信息迅速查明原因，并即时维修。

⑤ 体积小、重量轻、能耗低。

由于 PLC 采用了集成电路，结构紧凑、体积小、能耗低，因而是实现机电一体化的理想控制设备。

(2) PLC 的应用领域

目前在国内外,PLC 已被广泛应用于冶金、石油、化工、建材、机械制造、电力、汽车、轻工、环保及文化娱乐等各行各业。随着 PLC 性价比的不断提高,其应用领域不断扩大。从应用类型看,PLC 的应用大致可归纳为以下几个方面:

① 开关量逻辑控制。

利用 PLC 最基本的逻辑运算、定时、计数等功能实现逻辑控制,可以取代传统的继电器控制,用于单机控制、多机群控制、生产自动线控制等。例如,机床、注塑机、印刷机械、装配生产线、电镀流水线及电梯的控制等。这是 PLC 最基本也是最广泛的应用。

② 运动控制。

大多数 PLC 都有拖动步进电机或伺服电机的单轴或多轴位置控制模块。控制模块被广泛用于各种机械设备,如对各种机床、装配机械、机器人等进行运动控制。

③ 过程控制。

大、中型 PLC 都具有多路模拟量 I/O 模块和 PID 控制功能,有的小型 PLC 也具有模拟量输入/输出功能。所以 PLC 可实现模拟量控制,而且具有 PID 控制功能的 PLC 可构成闭环控制,用于过程控制。这一功能已被广泛用于锅炉、反应堆、水处理、酿酒、闭环位置控制和速度控制等方面。

④ 数据处理。

现代的 PLC 都具有数学运算、数据传送、转换、排序和查表等功能,可进行数据的采集、分析和处理,同时可通过通信接口将这些数据传送给其他智能装置如计算机数值控制(CNC)设备进行处理。

⑤ 通信联网。

PLC 的通信包括 PLC 与 PLC、PLC 与上位计算机、PLC 与其他智能设备之间的通信。PLC 系统与通用计算机可直接通过通信处理单元、通信转换单元相连构成网络,以实现信息的交换,并可构成"集中管理、分散控制"的多级分布式控制系统,以满足工厂自动化(FA)系统发展的需要。

4. PLC 的分类

PLC 产品种类繁多,其规格和性能也各不相同。我们通常根据 PLC 结构形式的不同、功能的差异和 I/O 点数的多少等对其进行大致分类。

(1) 按结构形式分类

根据 PLC 的结构形式,我们可将 PLC 分为整体式和模块式两类。

① 整体式 PLC。

整体式 PLC 是将电源、CPU、I/O 接口等部件都集中装在一个机箱内,具有结构紧凑、体积小、价格低的特点。小型 PLC 一般采用这种整体式结构。整体式 PLC 由不同 I/O 点数的基本单元(又称主机)和扩展单元组成。基本单元内有 CPU、I/O 接口、与 I/O 扩展单元相连的扩展口以及与编程器或 EPROM 写入器相连的接口等。扩展单元内只有 I/O 和电源等,没有 CPU。基本单元和扩展单元之间一般用扁平电缆连接。整体式 PLC 一般还可配备特殊功能单元,如模拟量单元、位置控制单元等,使其功能得以扩展。

② 模块式 PLC。

模块式 PLC 是将 PLC 各组成部分分别做成若干个单独的模块,如 CPU 模块、I/O 模块、电源模块(有的含在 CPU 模块中)以及各种功能模块。模块式 PLC 由框架或基板和各种模块组成。模块装在框架或基板的插座上。这种模块式 PLC 的特点是配置灵活,可根据需要选配不同规模的系统,而且装配方便,便于扩展和维修。大、中型 PLC 一般采用模块式结构。

还有一些 PLC 将整体式和模块式的特点结合起来,形成所谓叠装式 PLC。叠装式 PLC 的 CPU、电源、I/O 接口等也是各自独立的模块,但它们之间是靠电缆进行连接的,并且各模块可以一层层地叠装。这样使系统不仅可以灵活配置,而且系统体积小巧。

(2) 按功能分类

根据 PLC 所具有的功能不同,我们可将 PLC 分为低档、中档、高档三类。

① 低档 PLC。

低档 PLC 具有逻辑运算、定时、计数、移位以及自诊断、监控等基本功能,还可有少量模拟量输入/输出、算术运算、数据传送和比较、通信等功能,主要用于逻辑控制、顺序控制或少量模拟量控制的单机控制系统。

② 中档 PLC。

中档 PLC 除具有低档 PLC 的功能外,还具有较强的模拟量输入/输出、算术运算、数据传送和比较、数制转换、远程 I/O、子程序、通信联网等功能,有些还会增设中断控制、PID 控制等功能,适用于复杂控制系统。

③ 高档 PLC。

高档 PLC 除具有中档 PLC 的功能外,还增加了带符号算术运算、矩阵运算、位逻辑运算、平方根运算及其他特殊功能函数的运算、制表及表格传送功能等。高档 PLC 具有更强的通信联网功能,可用于大规模过程控制或构成分布式网络控制系统,实现工厂自动化。

(3) 按 I/O 点数分类

根据 PLC 的 I/O 点数的多少,我们可将 PLC 分为小型、中型和大型三类。

① 小型 PLC。

I/O 点数在 256 点以下的 PLC 为小型 PLC。其中,I/O 点数小于 64 点的为超小型或微型 PLC。

② 中型 PLC。

I/O 点数在 256 点以上、2048 点以下的 PLC 为中型 PLC。

③ 大型 PLC。

I/O 点数在 2048 以上的 PLC 为大型 PLC。其中,I/O 点数超过 8192 点的 PLC 为超大型 PLC。

在实际中,一般 PLC 功能的强弱与其 I/O 点数的多少是相互关联的,即 PLC 的功能越强,其可配置的 I/O 点数越多。因此,通常我们所说的小型、中型、大型 PLC,除指其 I/O 点数不同外,同时也表示其对应功能为低档、中档、高档。

任务二　认识 PLC 的基本组成

PLC 是微机技术和控制技术相结合的产物,是一种以微处理器为核心的用于控制的特殊计算机,因此 PLC 的基本组成与一般的微机系统类似。

1. PLC 的硬件组成

PLC 的硬件主要由中央处理器(CPU)、存储器、输入单元、输出单元、通信接口、扩展接口电源等部分组成。其中,CPU 是 PLC 的核心,输入单元与输出单元是连接现场输入/输出设备与 CPU 之间的接口电路,通信接口用于与编程器、上位计算机等外设连接。

整体式 PLC 的所有部件都装在同一机壳内,其组成框图如图 1-1 所示。模块式 PLC 的各部件独立封装成模块,各模块通过总线连接,安装在机架或导轨上。无论是哪种结构类型的 PLC,都可根据用户需要进行配置与组合。

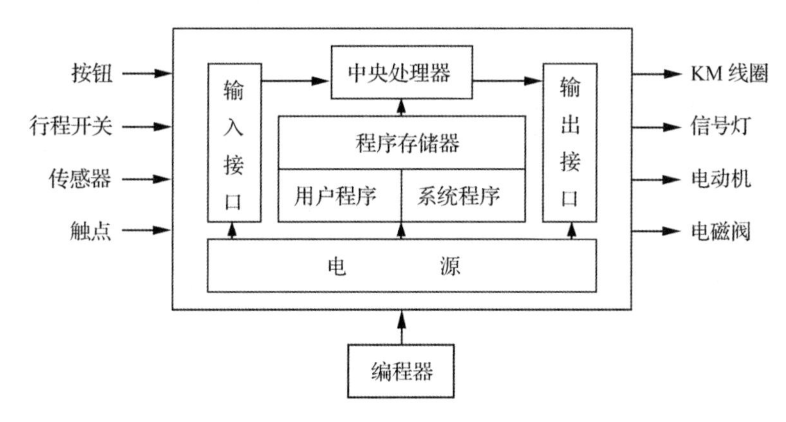

图 1-1　整体式 PLC 组成框图

下面对 PLC 主要组成部分进行简单介绍。

(1) 中央处理器(CPU)

同一般的微机一样,CPU 是 PLC 的核心。PLC 中所配置的 CPU 随机型不同而不同,常用的有三类:通用微处理器(如 Z80、8086、80286 等)、单片微处理器(如 8031、8096 等)和位片式微处理器(如 AMD29W 等)。小型 PLC 大多采用 8 位通用微处理器和单片微处理器;中型 PLC 大多采用 16 位通用微处理器或单片微处理器;大型 PLC 大多采用高速位片式微处理器。

目前,小型 PLC 为单 CPU 系统,而中、大型 PLC 则大多为双 CPU 系统,甚至有些 PLC 中的 CPU 多达 8 个。对于双 CPU 系统,一般一个为字处理器,采用 8 位或 16 位处理器;另一个为位处理器,采用由各厂家设计制造的专用芯片。字处理器为主处理器,用于执行编程器接口功能,监视内部定时器,监视扫描时间,处理字节指令以及对系统总线和位处理器进行控制等。位处理器为从处理器,主要用于处理位操作指令和实现 PLC 编程语言向机器语言的转换。位处理器的采用,提高了 PLC 的速度,使 PLC 能更好地满足实时控制要求。

在 PLC 中 CPU 按系统程序赋予的功能,指挥 PLC 有条不紊地进行工作。这些功能归纳起来主要有以下几个方面:

① 接收从编程器输入的用户程序和数据。

② 诊断电源、PLC 内部电路的工作故障和编程中的语法错误等。

③ 通过输入接口接收现场的状态或数据,并存入输入映像寄存器或数据寄存器中。

④ 从存储器逐条读取用户程序,经过解释后执行。

⑤ 根据执行的结果,更新有关标志位的状态和输出映像寄存器的内容,通过输出单元实现输出控制。有些 PLC 还具有制表打印或数据通信等功能。

(2) 存储器

存储器主要有两种。一种是可读/写操作的随机存储器RAM,另一种是只读存储器ROM、PROM、EPROM和EEPROM。在PLC中,存储器主要用于存放系统程序、用户程序及工作数据。

系统程序是由PLC的制造厂家编写的,和PLC的硬件组成有关,完成系统诊断、命令解释、功能子程序调用管理、逻辑运算、通信及各种参数设定等功能,提供PLC运行的平台。系统程序关系到PLC的性能,而且在PLC使用过程中不会变动,由制造厂家直接固化在只读存储器ROM、PROM或EPROM中,用户不能访问和修改。

用户程序是根据PLC的控制对象而定的,由用户根据对象生产工艺的控制要求而编制的应用程序。为了便于读出、检查和修改,用户程序一般存于CMOS静态RAM中,用锂电池作为后备电源,以保证掉电时不会丢失信息。为了防止外界干扰对RAM中程序造成破坏,当用户程序经过验证,运行正常,不需要改变后,可将其固化在只读存储器EPROM中。现在有许多PLC直接采用EEPROM作为用户存储器。

工作数据是PLC运行过程中经常变化、经常存取的一些数据,存放在RAM中,以适应随机存取的要求。PLC的工作数据存储器设有存放输入/输出继电器、辅助继电器、定时器、计数器等逻辑器件的存储区。这些器件的状态都是由用户程序的初始设置和运行情况而确定的。根据需要,部分数据在掉电时由后备电池维持其现有的状态。在掉电时可保存数据的存储区域称为保持数据区。

由于系统程序及工作数据与用户无直接联系,因此在PLC产品样本或使用手册中所列存储器的形式及容量针对的是用户程序存储器。为了防止PLC提供的用户存储器容量不够用,许多PLC还提供有存储器扩展功能。

(3) 输入/输出单元

输入/输出单元通常也称I/O单元或I/O模块,是PLC与工业生产现场之间的连接部件。PLC通过输入接口检测被控对象的各种数据,并以这些数据作为对被控对象进行控制的依据;同时PLC又通过输出接口将处理结果送给被控对象,以实现控制目的。

由于外部输入设备和输出设备所需的信号电平是多种多样的,而PLC内部CPU处理的信息只能是标准电平,因此I/O接口要实现这种转换。I/O接口一般都具有光电隔离和滤波功能,以增强PLC的抗干扰能力。另外,I/O接口上通常还有状态指示,使得工作状况直观,便于维护。

PLC提供了多种操作电平和驱动能力的I/O接口,有各种各样功能的I/O接口供用户选用。I/O接口的主要类型有:数字量(开关量)输入、数字量(开关量)输出、模拟量输入、模拟量输出等。

常用的开关量输入接口基本原理电路如图 1-2 所示。

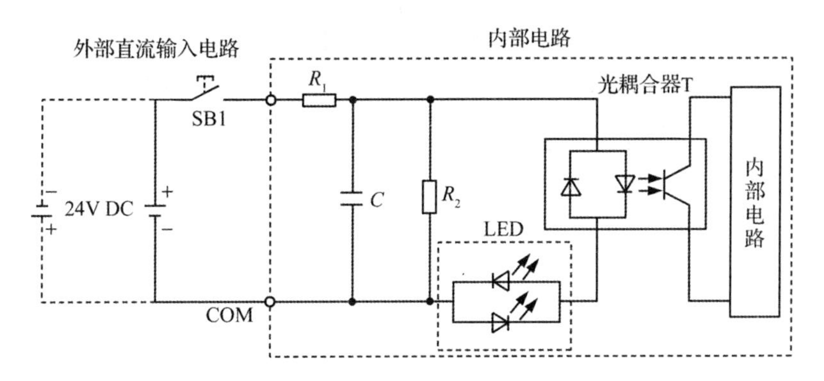

图 1-2　开关量输入接口基本原理电路

常用的开关量输出接口按输出开关器件不同有三种类型:继电器输出、晶体管输出和双向晶闸管输出,其基本原理电路如图 1-3 所示。继电器输出接口可驱动交流或直流负载,但其响应时间长,动作频率低;而晶体管输出和双向晶闸管输出接口的响应速度快,动作频率高,但前者只能用于驱动直流负载,后者只能用于交流负载。

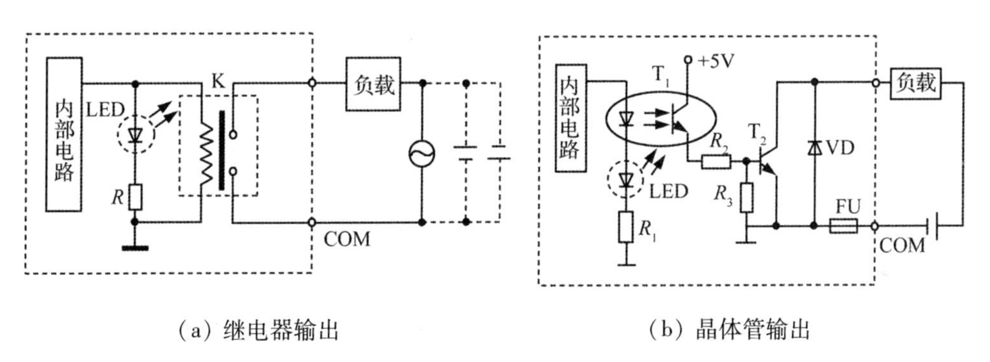

(a) 继电器输出　　(b) 晶体管输出

图 1-3　开关量输出接口基本原理电路

PLC 的 I/O 接口所能接受的输入信号个数和输出信号个数称为 PLC 输入/输出(I/O)点数。I/O 点数是选择 PLC 的重要依据之一。当系统的 I/O 点数不够时,我们可通过 PLC 的 I/O 扩展接口对系统进行扩展。

(4) 通信接口

PLC 配有各种通信接口。这些通信接口一般都带有通信处理器。PLC 通过这些通信接口与监视器、打印机、其他 PLC、计算机等设备实现通信。PLC 与打印机连接,可将过程信息、系统参数等输出打印;与监视器连接,可将控制过程图像显示出来;与其他 PLC 连接,可组成多机系统或连成网络,实现更大规模控制;与计算机连接,可组成多级分布式控制系统,实现控制与管理相结合。

远程 I/O 系统也必须配备相应的通信接口模块。

(5) 智能接口模块

智能接口模块是一种独立的计算机系统,它有自己的 CPU、系统程序、存储器以及与 PLC 系统总线相连的接口。它作为 PLC 系统的一个模块,通过总线与 PLC 相连,进行数据交换,并在 PLC 的协调管理下独立地进行工作。

PLC 的智能接口模块种类很多,如高速计数模块、闭环控制模块、运动控制模块、中断控制模块等。

(6) 编程装置

编程装置的作用是编辑、调试、输入用户程序,也可在线监控 PLC 内部状态和参数,与 PLC 进行人机对话。它是开发、应用、维护 PLC 不可缺少的工具。编程装置可以是专用编程器,也可以是配有专用编程软件包的通用计算机系统。专用编程器由 PLC 厂家生产,专供该厂家生产的某些 PLC 产品使用,其主要由键盘、显示器和外存储器接插口等部件组成。专用编程器有简易编程器和智能编程器两类。

简易编程器只能联机编程,而且不能直接输入和编辑梯形图程序,需将梯形图程序转化为指令表程序才能输入。简易编程器体积小、价格便宜,可以直接插在 PLC 的编程插座上,或者用专用电缆与 PLC 相连,以方便编程和调试。有些简易编程器带有存储盒,可用来存储用户程序。

智能编程器又称图形编程器,本质上是一台专用便携式计算机。它既可联机编程,又可脱机编程。可直接输入和编辑梯形图程序,使用更加直观、方便,但价格较高,操作也比较复杂。大多数智能编程器带有磁盘驱动器,提供录音机接口和打印机接口。

专用编程器只能对指定厂家的几种 PLC 进行编程,使用范围有限,价格较高。同时,由于 PLC 产品不断更新换代,因此专用编程器的生命周期十分有限。现在的趋势是使用以个人计算机为基础的编程装置,用户只需要购买 PLC 厂家提供的编程软件和相应的硬件接口装置,用较少的投资即可得到高性能的 PLC 程序开发系统。

基于个人计算机的程序开发系统功能强大。它既可以编制、修改 PLC 的梯形图程序,又可以监视系统运行、打印文件、进行系统仿真等。配上相应的软件后还可实现数据采集和分析等许多功能。

(7) 电源

PLC 配有开关电源,以供内部电路使用。与普通电源相比,PLC 电源的稳定性好、抗干扰能力强。对电网提供的电源稳定度要求不高,一般允许电源电压在其额定值 ±15% 的范围内波动。许多 PLC 还向外提供直流 24V 稳压电源,用于对外部传感器供电。

(8) **其他外部设备**

除了以上所述的部件和设备外,PLC 还有许多外部设备,如 EPROM 写入器、外存储器、人/机接口装置等。

EPROM 写入器是用来将用户程序固化到 EPROM 存储器中的一种 PLC 外部设备。为了使调试好的用户程序不易丢失,操作人员经常用 EPROM 写入器将 PLC 内 RAM 中的数据保存到 EPROM 中。

PLC 内部的半导体存储器称为内存储器。有时可用外部的磁带、磁盘和用半导体存储器做成的存储盒等来存储 PLC 的用户程序。这些存储器件称为外存储器。外存储器一般通过编程器或其他智能模块提供的接口,实现与内存储器之间相互传送用户程序。

人/机接口装置用来实现操作人员与 PLC 控制系统的对话。最简单、最普遍的人/机接口装置由安装在控制台上的按钮、转换开关、拨码开关、指示灯、LED 显示器、声光报警器等器件构成。PLC 系统还可采用半智能型 CRT 人/机接口装置和智能型终端人/机接口装置。半智能型 CRT 人/机接口装置可长期安装在控制台上,通过通信接口接收来自 PLC 的信息并在 CRT 上显示出来;而智能型终端人/机接口装置有自己的微处理器和存储器,能够与操作人员快速交换信息,并通过通信接口与 PLC 相连,也可作为独立的节点接入 PLC 网络。

2. PLC 的软件组成

PLC 的软件由系统程序和用户程序组成。

系统程序由 PLC 制造厂商设计编写,并存入 PLC 的系统存储器中,用户不能直接读写与更改。系统程序一般包括系统诊断程序、输入处理程序、编译程序、信息传送程序、监控程序等。

PLC 的用户程序是用户利用 PLC 的编程语言,根据控制要求编制的程序。PLC 是专门为工业控制而开发的装置。其主要使用者是广大电气技术人员。为了满足他们的传统习惯和掌握能力,PLC 的主要编程语言采用比计算机语言相对简单、易懂、形象的专用语言。

PLC 编程语言是多种多样的,不同生产厂家、不同系列的 PLC 产品采用的编程语言的表达方式也不相同,但基本上可归纳为两种类型:一种是采用字符表达方式的编程语言,如语句表等;另一种是采用图形符号表达方式的编程语言,如梯形图等。

以下简要介绍几种常见的 PLC 编程语言。

(1) **梯形图语言**

梯形图是在传统电器控制系统中常用的接触器、继电器等图形表达符号的基础上演变而来的。它与电器控制线路图相似,继承了传统电器控制逻辑中使用的框架结构、逻辑运算方式和输入/输出形式,具有形象、直观、实用的特点。因此,这种编程语言为广大电气技术人员所熟知,是应用最广泛的 PLC 的编程语言,是 PLC 的第一编程语言。

图 1-4 所示是传统的电器控制线路图和 PLC 梯形图。

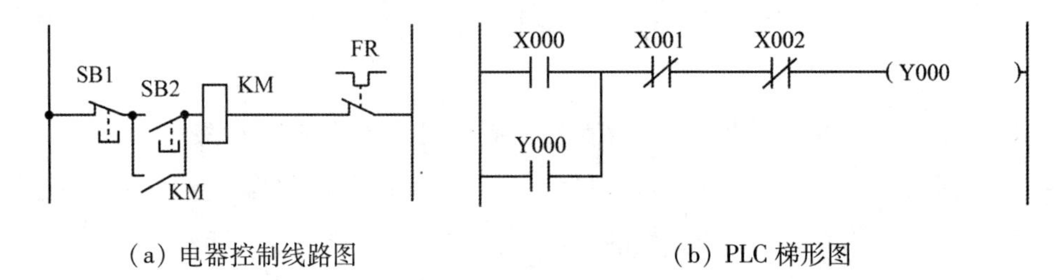

(a) 电器控制线路图　　(b) PLC 梯形图

图 1-4　电器控制线路图与梯形图

从图 1-4 中可看出,两种图基本表示思想是一致的,具体表达方式有一定区别。PLC 的梯形图使用的是内部继电器、定时/计数器等,都是由软件来实现的,使用方便,修改灵活,是原电器控制线路硬接线所无法比拟的。

(2) 语句表语言

语句表语言是一种与汇编语言类似的助记符编程表达方式。在 PLC 应用中经常采用的编程器是简易编程器,而这种编程器中没有 CRT 屏幕显示,或没有较大的液晶屏幕显示。因此,生产厂家就用一系列 PLC 操作命令组成的语句表将梯形图描述出来,再通过简易编程器输入 PLC 中。虽然各个 PLC 生产厂家的语句表形式不尽相同,但基本功能相差无几。以下是与图 1-4 中梯形图对应的(FX 系列 PLC)语句表程序。

```
LD    X0
OR    Y0
ANI   X1
ANI   X2
OUT   Y0
```

从上面的程序可以看出,语句是语句表程序的基本单元,每个语句由地址(步序号)、操作码(指令)和操作数(数据)三部分组成。

(3) 逻辑图语言

逻辑图是一种类似于数字逻辑电路结构的编程语言,由与门、或门、非门、定时器、计数器、触发器等逻辑符号组成,如图 1-5 所示。有数字电路基础的电气技术人员较容易掌握这种语言。

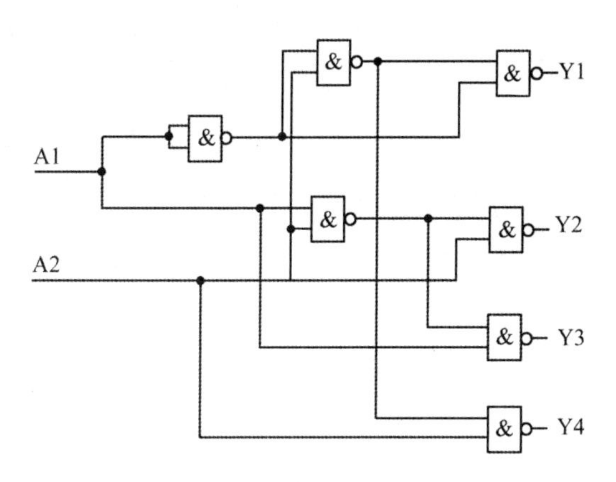

图 1-5 逻辑图语言编程

（4）功能表图语言

功能表图语言（SFC 语言）是一种较新的编程方法，又称状态转移图语言。它将一个完整的控制过程分为若干阶段，各阶段具有不同的动作，阶段间有一定的转换条件。只要转换条件满足，PLC 就实现阶段转移，上一阶段动作结束，下一阶段动作开始。用功能表图的方式来表达一个控制过程，对于顺序控制系统特别适用。

（5）高级语言

随着 PLC 技术的发展，为了增强 PLC 的运算、数据处理及通信等功能，以上编程语言无法很好地满足要求。近年来推出的 PLC，尤其是大型 PLC，都可用高级语言，如 BASIC 语言、C 语言、Pascal 语言等进行编程。PLC 采用高级语言后，用户可以像使用普通微型计算机一样操作 PLC，使 PLC 的各种功能得到更好的发挥。

任务三 了解 PLC 的工作原理

1. 扫描工作原理

PLC 运行时，是通过执行反映控制要求的用户程序来完成控制任务的，需要执行众多的操作，但 CPU 不可能同时去执行多个操作，它只能按分时操作（串行工作）方式，每一次执行一个操作，并按顺序逐个执行。由于 CPU 的运算处理速度很快，所以从宏观上来看，PLC 外部出现的结果似乎是同时（并行）完成的。这种串行工作过程称为 PLC 的扫描工作方式。

用扫描工作方式执行用户程序时，扫描是从第一条程序开始的，在无中断或跳转控制的情况下，按程序存储的先后顺序，逐条执行用户程序，直到程序结束，然后再从头开始执行，周而复始重复运行。

PLC的扫描工作方式与电器控制的工作原理明显不同。电器控制装置采用硬逻辑的并行工作方式。如果某个继电器的线圈通电或断电，那么该继电器的所有常开和常闭触点不论处在控制线路的哪个位置上，都会立即同时动作。而PLC采用扫描工作方式(串行工作方式)，如果某个软继电器的线圈被接通或断开，其所有的触点不会立即动作，必须等扫描到该触点时才会动作。但由于PLC的扫描速度快，通常PLC与电器控制装置在I/O的处理结果上并没有什么差别。

2. PLC扫描工作过程

PLC的扫描工作过程除了执行用户程序外，在每次扫描工作过程中还要完成内部处理、通信服务工作。如图1-6所示，整个扫描工作过程包括内部处理、通信服务、输入采样、程序执行、输出刷新五个阶段。整个过程扫描执行一遍所需的时间称为扫描周期。扫描周期与CPU运行速度、PLC硬件配置及用户程序长短有关，典型值为1～100ms。

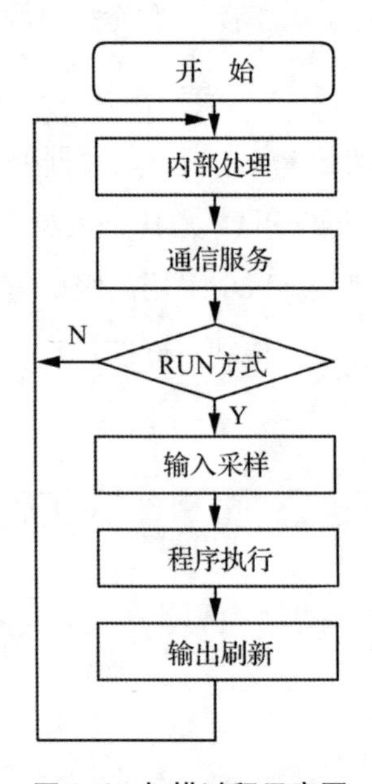

图1-6 扫描过程示意图

在内部处理阶段，PLC进行自检，检查内部硬件是否正常，对监视定时器(WDT)复位以及完成其他一些内部处理工作。

在通信服务阶段，PLC与其他智能装置实现通信，响应编程器键入的命令，更新编程器的显示内容等。

当 PLC 处于停止(STOP)状态时,只完成内部处理和通信服务工作。当 PLC 处于运行(RUN)状态时,除完成内部处理和通信服务工作外,还要完成输入采样、程序执行、输出刷新工作。

PLC 的扫描工作方式简单直观,便于程序的设计,并为可靠运行提供了保障。当 PLC 扫描到的指令被执行后,其结果马上就被后面将要扫描到的指令利用,而且 PLC 还可通过 CPU 内部设置的监视定时器来监视每次扫描是否超过规定时间,避免由于 CPU 内部故障使程序执行进入死循环。

3. PLC 执行程序的过程及特点

PLC 执行程序的过程分为三个阶段,即输入采样阶段、程序执行阶段、输出刷新阶段,如图 1-7 所示。

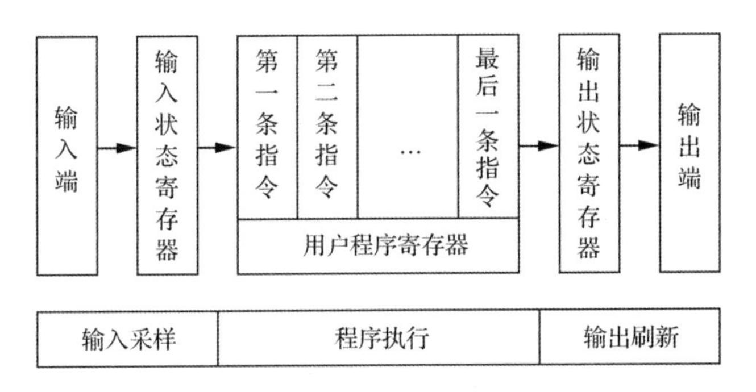

图 1-7　PLC 执行程序过程示意图

(1) 输入采样阶段

在输入采样阶段,PLC 以扫描工作方式按顺序对所有输入端的输入状态进行采样,并存入输入映像寄存器中,此时输入映像寄存器被刷新。接着 PLC 进入程序执行阶段。在程序执行阶段或其他阶段,即使输入状态发生变化,输入映像寄存器的内容也不会改变。输入状态的变化只有在下一个扫描周期的输入处理阶段才能被采样到。

(2) 程序执行阶段

在程序执行阶段,PLC 对程序按顺序进行扫描执行。若程序用梯形图表示,则 PLC 总是按先上后下、先左后右的顺序执行。当遇到程序跳转指令时,PLC 则根据跳转条件是否满足来决定程序是否跳转。当指令中涉及输入/输出状态时,PLC 从输入映像寄存器和元件映像寄存器中读出状态,根据用户程序进行运算,再将运算结果存入元件映像寄存器中。对于元件映像寄存器来说,其内容会随程序执行的过程而变化。

(3) 输出刷新阶段

当所有程序执行完毕后,PLC 进入输出刷新阶段。在这一阶段里,PLC 将输出映像寄存器中与输出有关的状态(输出继电器状态)转存到输出锁存器中,并通过一定方式输出,驱动外部负载。

因此,PLC 在一个扫描周期内,对输入状态的采样只在输入采样阶段进行。当 PLC 进入程序执行阶段后输入端将被封锁,直到下一个扫描周期的输入采样阶段 PLC 才对输入状态重新进行采样。这种方式称为集中采样,即在一个扫描周期内,集中一段时间对输入状态进行采样。

用户程序如果对输出结果进行多次赋值,则最后一次赋值有效。在一个扫描周期内,PLC 只在输出刷新阶段才将输出状态从输出映像寄存器中输出,对输出接口进行刷新。在其他阶段里,输出状态一直保存在输出映像寄存器中。这种方式称为集中输出。

小型 PLC 因为 I/O 点数较少,用户程序较短,一般采用集中采样、集中输出的工作方式。这种方式虽然在一定程度上减慢了系统的响应速度,但使 PLC 工作时大多数时间与外部输入/输出设备隔离,从根本上增强了系统的抗干扰能力,增强了系统的可靠性。

大中型 PLC 因为 I/O 点数较多,控制功能强,用户程序较长,为加快系统响应速度,可以采用定期采样、定期输出方式,或中断输入/输出方式以及采用智能 I/O 接口等多种方式。

从上述分析可知,从 PLC 的输入端输入信号发生变化到 PLC 的输出端对该输入变化做出反应,需要一段时间,这种现象称为 PLC 输入/输出响应滞后。对一般的工业控制,这种滞后是完全允许的。应该注意的是,这种响应滞后不仅仅是由 PLC 扫描工作方式造成的,更主要的是由 PLC 输入接口的滤波环节带来的输入延迟,以及输出接口中驱动器件的动作时间带来的输出延迟,同时还与程序设计有关。滞后时间是设计 PLC 应用系统时应注意把握的一个参数。

任务四　了解 PLC 的性能指标与发展趋势

1. PLC 的性能指标

（1）存储容量

存储容量，顾名思义，是指用户程序存储器的容量。如果用户程序存储器的容量大，其就可以存储复杂的程序。一般来说，小型 PLC 的用户存储器容量为几千字节，而大型 PLC 的用户存储器容量为几万字节。

（2）输入/输出（I/O）点数

I/O 点数是 PLC 可以接受的输入信号和输出信号的总和，是衡量 PLC 性能的重要指标。I/O 点数越多，外部可接的输入设备和输出设备就越多，控制规模就越大。

（3）扫描速度

扫描速度是指 PLC 执行用户程序的速度，是衡量 PLC 性能的重要指标。一般以扫描 1K 字用户程序所需的时间来衡量扫描速度，通常以 ms/K 为单位。PLC 用户手册一般会给出执行各条指令所用的时间。我们可以用各种 PLC 执行相同的操作所用的时间来衡量它们扫描速度的快慢。

（4）指令的功能与数量

指令功能的强弱、数量的多少也是衡量 PLC 性能的重要指标。编程指令的功能越强、数量越多，PLC 的处理能力和控制能力也越强，用户编程也越简单和方便。

（5）内部元件的种类与数量

编制 PLC 程序需要用到大量的内部元件来存放变量、中间结果、数据、定时计数、模块设置和各种标志位等信息。这些元件的种类与数量越多，表示 PLC 的存储和处理各种信息的能力越强。

（6）特殊功能单元

特殊功能单元的种类与功能是衡量 PLC 产品性能的一个重要指标。近年来 PLC 生产商非常重视特殊功能单元的开发，其种类日益增多，功能越来越强。

（7）可扩展能力

PLC 的可扩展能力包括 I/O 点数的扩展能力、存储容量的扩展能力、联网功能的扩展能力、各种功能模块的扩展能力等。在选择 PLC 时,我们经常需要考虑 PLC 的可扩展能力。

2. PLC 的发展趋势

(1) 向速度快、容量大方向发展

为了提高 PLC 的处理能力,要求 PLC 具有更快的响应速度和更大的存储容量。目前,有的 PLC 的扫描速度可达 0.1ms/K 步左右。PLC 的扫描速度已成为很重要的一个性能指标。

在存储容量方面,有的 PLC 的存储容量可达几十兆字节。为了扩大存储容量,有的公司已使用了磁泡存储器或硬盘。

(2) 向超大型、超小型两个方向发展

当前中小型 PLC 比较多。为了适应市场的多种需要,今后 PLC 要向多品种方向发展,特别是向超大型和超小型两个方向发展。现市场上已有 I/O 点数达 14336 点的超大型 PLC。其使用 32 位微处理器,多 CPU 并行工作,使用大容量存储器,功能非常强大。

小型 PLC 由整体结构向小型模块化结构发展,配置更加灵活。为了适应市场需要,生产商已开发了各种简易、经济、最小配置的 I/O 点数为 8 ~ 16 点的超小型微型 PLC,以适应单机及小型自动控制的需要。

(3) 增加智能模块,加强联网通信能力

为满足各种自动化控制系统的要求,PLC 生产商近年来不断开发出许多功能模块,如高速计数模块、温度控制模块、远程 I/O 模块、通信和人机接口模块等。这些带 CPU 和存储器的智能 I/O 模块,既扩展了 PLC 的功能,又扩大了 PLC 的应用范围。

加强 PLC 联网通信的能力,这是 PLC 技术发展的方向。PLC 的联网通信有两类:一类是 PLC 之间的联网通信。各 PLC 生产商都有自己的专有联网手段。另一类是 PLC 与计算机之间的联网通信。一般 PLC 都有专用通信模块与计算机通信。为了加强联网通信能力,PLC 生产商之间也在协商制定通用的通信标准,以构成更大的网络系统。PLC 已成为集散控制系统(DCS)不可缺少的重要组成部分。

(4) 增强外部故障的检测与处理能力

统计资料表明:在 PLC 控制系统的故障中,CPU 故障占 5%,I/O 接口故障占 15%,输入设备故障占 45%,输出设备故障占 30%,线路故障占 5%。前两项故障属于 PLC 的内部故障,技术人员可通过 PLC 本身的软、硬件进行检测和处理;其余 80% 的故障属于 PLC

的外部故障。因此,PLC 生产商都致力研制、发展用于检测外部故障的专用智能模块,进一步增强系统的可靠性。

(5) 编程语言多样化

在 PLC 系统结构不断发展的同时,PLC 的编程语言也越来越丰富,功能也不断增强。除了大多数 PLC 使用的梯形图程序外,为了适应各种控制要求,一些 PLC 还使用了面向顺序控制的步进编程语言、面向过程控制的流程图语言、与计算机兼容的高级语言(BASIC、C 语言等)等。多种编程语言并存、互补是 PLC 发展的一种趋势。

任务五　了解国内外 PLC 产品

按地域 PLC 产品可分成三大流派:第一个流派是美国的 PLC 产品,第二个流派是欧洲的 PLC 产品,第三个流派是日本的 PLC 产品。美国和欧洲的 PLC 技术是在相互隔离情况下独立研究开发的,因此美国和欧洲的 PLC 产品有明显的差异性。日本的 PLC 技术是从美国引进的,所以日本的 PLC 产品对美国的 PLC 产品有一定的继承性,但日本的主推产品定位在小型 PLC 上。美国和欧洲以大中型 PLC 闻名,而日本则以小型 PLC 著称。

1. 美国的 PLC 产品

美国是 PLC 生产大国,有 100 多家 PLC 厂商,著名的有 A-B 公司、通用电气(GE)公司、莫迪康(MODICON)公司、德州仪器(TI)公司、西屋公司等。其中 A-B 公司是美国最大的 PLC 制造商,其产品约占美国 PLC 市场的一半。

A-B 公司产品规格齐全、种类丰富,其主推的大中型 PLC 产品是 PLC-5 系列。该系列为模块式结构。当 CPU 模块为 PLC-5/10、PLC-5/12、PLC-5/15、PLC-5/25 时,产品属于中型 PLC,I/O 点数配置范围为 256 ~ 1024 点;当 CPU 模块为 PLC-5/11、PLC-5/20、PLC-5/30、PLC-5/40、PLC-5/60、PLC-5/40L、PLC-5/60L 时,产品属于大型 PLC,I/O 点数最多可配置到 3072 点。该系列中 PLC-5/250 的功能最强,其最多可配置到 4096 个 I/O 点,具有强大的控制和信息管理功能。大型机 PLC-3 最多可配置到 8096 个 I/O 点。A-B 公司的小型 PLC 产品有 SLC500 系列等。

通用电气(GE)公司的代表产品是小型机 GE-1、GE-1/J、GE-1/P 等。除 GE-1/J 外,其他均采用模块结构。GE-1 用于开关量控制系统,最多可配置 112 个 I/O 点。GE-1/J 是更小型化的产品,其 I/O 点数最多可配置 96 点。GE-1/P 是 GE-1 的增强型产品,增加了部分功能指令(数据操作指令)、功能模块(A/D、D/A 等)、远程 I/O 功能等,其 I/O 点数最多可配置 168 点。中型机 GE-Ⅲ比 GE-1/P 多了中断、故障诊断等功能,最多可配置 400 个 I/O 点。大型机 GE-Ⅴ比 GE-Ⅲ多了部分数据处理、表格处理、子程序控制等功能,并具有较强的通信功能,最多可配置 2048 个 I/O 点。GE-Ⅵ/P 最多可配置 4000 个 I/O 点。

德州仪器(TI)公司的小型 PLC 新产品有 510、520 和 TI100 等,中型 PLC 新产品有 TI300、5TI 等,大型 PLC 产品有 PM550、530、560、565 等。除 TI100 和 TI300 无联网功能外,其他 PLC 都可实现通信,构成分布式控制系统。

莫迪康(MODICON)公司有 M84 系列 PLC。其中 M84 是小型机,具有模拟量控制、与上位机通信功能,最多可扩展的 I/O 点数为 112 点。M484 是中型机,有较强的运算功能,可与上位机通信,也可与多台 PLC 联网,最多可扩展的 I/O 点数为 512 点。M584 是大型机,具有容量大、数据处理和网络能力强的特点,最多可扩展的 I/O 点数为 8192 点。M884 是增强型中型机,具有小型机的结构、大型机的控制功能,其主机模块配置两个 RS-232C接口,可方便地进行组网通信。

2. 欧州的 PLC 产品

德国的西门子(SIEMENS)公司、AEG 公司和法国的 TE 公司是欧洲著名的 PLC 制造商。德国的西门子的电子产品以性能精良而久负盛名。在中、大型 PLC 产品领域与美国的 A-B 公司齐名。

西门子的 PLC 产品主要有 S5、S7 系列。在 S5 系列中,S5-90U、S5-95U 属于微型整体式 PLC;S5-100U 是小型模块式 PLC,最多可配置 256 个 I/O 点;S5-115U 是中型 PLC,最多可配置 1024 个 I/O 点;S5-115UH 是中型机,它是由两台 S5-115U 组成的双机冗余系统; S5-155U 为大型机,最多可配置 4096 个 I/O 点,模拟量可达 300 多路;S5-155H 是大型机,它是由两台 S5-155U 组成的双机冗余系统。S7 系列是西门子公司在 S5 系列 PLC 基础上近年推出的新产品,其性价比高。其中 S7-200 系列属于微型 PLC,S7-300 系列属于中小型 PLC,S7-400 系列属于中高性能的大型 PLC。

3. 日本的 PLC 产品

日本的小型 PLC 最具特色,在小型机领域中颇具盛名。某些用欧美的中型机或大型机才能实现的控制,日本的小型机就可以解决。在开发较复杂的控制系统方面日本的小型机明显优于欧美的小型机,所以格外受用户欢迎。日本有许多 PLC 制造商,如三菱、欧姆龙、松下、富士、日立、东芝等。在世界小型 PLC 市场上,日本产品约占有 70% 的份额。

三菱公司的 PLC 是较早进入中国市场的产品。其小型机 F1/F2 系列是 F 系列的升级产品。F1/F2 系列加强了指令系统,增加了特殊功能单元和通信功能,比 F 系列有了更强的控制能力。继 F1/F2 系列之后,20 世纪 80 年代末三菱公司又推出 FX 系列。FX 系列在容量、速度、特殊功能、网络功能等方面都有了全面的加强。FX2 系列是在 20 世纪 90 年代开发的整体式高功能小型机,配有各种通信适配器和特殊功能单元。FX2N 是近几年推出的高功能整体式小型机,是 FX2 的换代产品,其各种功能都有了全面的提升。近年来三菱公司还不断推出满足不同要求的微型 PLC,如 FXOS、FX1S、FXON、FX1N 及 α 系列等产品。

三菱公司的大中型机有 A 系列、QnA 系列、Q 系列,具有丰富的网络功能,其 I/O 点数可达 8192 点。其中 Q 系列具有超小的体积、丰富的机型、灵活的安装方式、双 CPU 协同处理、多存储器、远程口令等特点,是三菱公司现有 PLC 中性能最强的 PLC。

欧姆龙(OMRON)公司的 PLC 产品,大、中、小、微型规格齐全。微型机以 SP 系列为代表,其体积极小,速度极快。小型机有 P 型、H 型、CPM1A 系列、CPM2A 系列、CPM2C、CQM1 等。P 型机现已被性价比更高的 CPM1A 系列取代,CPM2A/2C、CQM1 系列内置 RS-232C 接口和实时时钟,并具有软 PID 功能,CQM1H 是 CQM1 的升级产品。中型机有 C200H、C200HS、C200HX、C200HG、C200HE、CS1 系列。C200H 是前些年畅销的高性能中型机,配置齐全的 I/O 模块和高功能模块,具有较强的通信和网络功能。C200HS 是 C200H 的升级产品,其指令系统更丰富、网络功能更强。C200HX、C200HG、C200HE 是 C200HS 的升级产品,有 1148 个 I/O 点,有品种齐全的通信模块,是适应信息化的 PLC 产品,其容量是 C200HS 的 2 倍,速度是 C200HS 的 3.75 倍。CS1 系列具有中型机的规模、大型机的功能,是一种极具推广价值的新机型。大型机有 C1000H、C2000H、CV(CV500/CV1000/CV2000/CVM1)等。C1000H、C2000H 可单机或双机热备运行,安装带电插拔模块。C2000H 可在线更换 I/O 模块。CV 系列中除 CVM1 外,其余的均可采用结构化编程,易读、易调试,并具有强大的通信功能。

松下公司的 PLC 产品中,FPO 为微型机,FP1 为整体式小型机,FP3 为中型机,FP5/FP10、FP10S(FP10 的改进型)、FP20 为大型机,其中 FP20 是最新产品。松下公司近几年开发的 PLC 产品的主要特点是:指令系统功能强;有的机型还提供可以用 FP-BASIC 语言编程的 CPU 及多种智能模块,为复杂系统的开发提供了软件手段;FP 系列各种 PLC 都配置通信机制,使用的应用层通信协议具有一致性,给构成多级 PLC 网络和开发 PLC 网络应用程序带来了方便。

4. 我国的 PLC 产品

我国有许多厂家、科研院所从事 PLC 的研制与开发,如中国科学院自动化研究所的 PLC-0088,北京联想计算机集团公司的 GK-40,上海机床电器厂的 CKY-40,上海起重电器厂的 CF-40MR/ER,苏州电子计算机厂的 YZ-PC-001A,原机电部北京机械工业自动化研究所的 MPC-001/20、KB-20/40,杭州机床电器厂的 DKK02,天津中环自动化仪表公司的 DJK-S-84/86/480,上海自立电子设备厂的 KKI 系列,上海香岛机电制造有限公司的 ACMY-S80、ACMY-S256,无锡华光电子工业有限公司(合资)的 SR-10、SR-20/21 等。

1982 年以来,天津、厦门、大连、上海等地的相关企业与国外著名 PLC 制造厂商进行合资或引进技术、生产线等,这促进了我国的 PLC 技术在赶超世界先进水平的道路上快速发展。

习　题

1-1　什么是 PLC? 它与电器控制、微机控制相比主要有哪些优点?

1-2　为什么 PLC 软继电器的触点可无数次使用?

1-3　PLC 的硬件由哪几部分组成? 各有什么作用? PLC 主要有哪些外部设备? 各有什么作用?

1-4　PLC 的软件由哪几部分组成? 各有什么作用?

1-5　PLC 主要的编程语言有哪几种? 各有什么特点?

1-6　PLC 开关量输出接口按输出开关器件的种类不同分成哪几种? 各有什么特点?

1-7　PLC 采用什么样的工作方式? 有何特点?

1-8　什么是 PLC 的扫描周期? 其扫描过程分为哪几个阶段,各阶段完成什么任务?

1-9　在 PLC 扫描过程中输入映像寄存器和元件映像寄存器各起什么作用?

1-10　什么是 PLC 的输入/输出滞后现象? 造成这种现象的主要原因是什么? 可采取哪些措施减少输入/输出滞后时间?

1-11　PLC 是如何分类的? 按结构形式不同,PLC 可分为哪几类? 各有什么特点?

1-12　PLC 有什么特点? 为什么 PLC 具有强可靠性?

1-13　PLC 的主要性能指标有哪些? 各指标的意义是什么?

1-14　PLC 控制与电器控制比较,有何不同?

项目二　FX 系列 PLC 的编程元件

不同厂家、不同系列的 PLC，其内部软继电器的功能和编号都不相同，因此技术人员在编制程序时，必须熟悉所选用 PLC 的软继电器的功能和编号。

FX 系列 PLC 软继电器编号由字母和数字组成，其中输入继电器和输出继电器采用八进制数字编号，其他软继电器均采用十进制数字编号。

任务一　了解数据结构及软元件（继电器）的概念

1. 数据结构

① 十进制。

② 二进制[在 FX 系列 PLC 内部，数据是以二进制（BIN）补码的形式存储的，所有的四则运算都使用二进制数]。

③ 八进制（输入继电器、输出继电器的地址采用八进制）。

④ 十六进制。

⑤ BCD 码。

⑥ 常数 K、H。

K：十进制常数。

H：十六进制常数。

2. 软元件（编程元件、操作数）

（1）软元件的概念

软元件是 PLC 内部具有一定功能的器件（输入/输出单元、存储器的存储单元）。

(2) 软元件的分类

① 位元件。

X：输入继电器，用于连接输入给 PLC 的物理信号。

Y：输出继电器，从 PLC 输出物理信号。

M（辅助继电器）和 S（状态继电器）：PLC 内部的运算标志。

说明：

A. 位元件只有 ON 和 OFF 两种状态，可用“0”和“1”表示。

B. 位元件可以通过组合使用，4 个位元件为一个单元，通用表示方法是用 Kn 加起始的软元件号表示，n 为单元数。

例如，K2M0 表示 M0 ~ M7 组成两个位元件组（K2 表示 2 个单元），它是一个 8 位数据，M0 为最低位。

② 字元件。

数据寄存器 D：用于在模拟量检测以及位置控制等场合存储数据。

定时器 T：用于存储定时器当前值和设定值。

计数器 C：用于存储计数器当前值和设定值。

变址寄存器 V、Z：用于修改编程元件地址的元件号。

数据长度单位：字节（BYTE）、字（WORD）、双字（DOUBLE WORD）。

任务二　了解 FX 系列 PLC 的编程元件

1. 输入继电器(X)

作用：用来接受外部输入的开关量信号。输入端通常外接常开触点或常闭触点。

编号：X0 ~ X7、X10 ~ X17……

说明：

A. 输入继电器以八进制编号。FX2N 系列 PLC 带扩展时，最多可有 184 点输入继电器（X0 ~ X267）。

B. 输入继电器只能由输入信号驱动，不能由程序驱动。

C. 可以有无数个常开触点和常闭触点。

D. 输入信号（ON、OFF）至少要维持一个扫描周期。

2. 输出继电器(Y)

作用：输出程序运行的结果，驱动执行机构控制外部负载。

编号：Y0 ~ Y7、Y10 ~ Y17……

说明：

A. 输出继电器以八进制编号。FX2N 系列 PLC 带扩展时，最多可有 184 点输入继电器(Y0 ~ Y267)。

B. 输出继电器只能由程序驱动，不能由外部信号驱动。

C. 输出模块的硬件继电器只有一个常开触点，梯形图中输出继电器的常开触点和常闭触点可以多次使用。

3. 辅助继电器(M)：中间继电器

辅助继电器是用软件实现的，是一种内部的状态标志，相当于继电器控制系统中的中间继电器。

说明：

A. 辅助继电器以十进制编号。

B. 辅助继电器只能由程序驱动，不能接收外部信号，也不能驱动外部负载。

C. 可以有无数个常开触点和常闭触点。

辅助继电器有通用型、掉电保持型和特殊辅助继电器三种。

(1) 通用型辅助继电器：M0 ~ M499

特点：通用型辅助继电器和输出继电器一样，在 PLC 电源断开后，其状态将变为 OFF。当电源恢复后，除非程序使其变为 ON，否则它仍保持为 OFF。

用途：中间继电器(逻辑运算的中间状态存储、信号类型的变换)。

(2) 掉电保持型辅助继电器：M500 ~ M1023

特点：在 PLC 电源断开后，掉电保持型辅助继电器具有保持断电前瞬间状态的功能，并在恢复供电后继续断电前的状态。掉电保持由 PLC 机内电池支持。

(3) 特殊辅助继电器：M8000 ~ M8255

特点：特殊辅助继电器是具有某项特定功能的辅助继电器。

分类：触点利用型和线圈驱动型。

触点利用型特殊辅助继电器的线圈由 PLC 自动驱动，用户只可以利用其触点。线圈驱动型特殊辅助继电器由用户驱动线圈，PLC 将做出特定动作。

① 运行监视继电器(图2-1)。

M8000：当PLC处于RUN时,其线圈一直得电。

M8001：当PLC处于STOP时,其线圈一直得电。

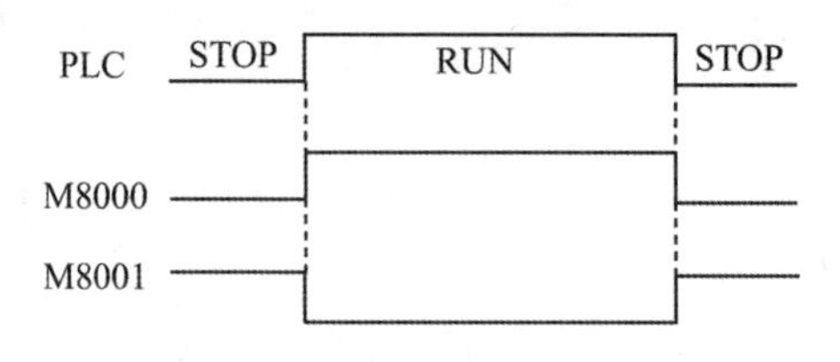

图2-1 运行监视继电器

② 初始化继电器(图2-2)。

M8002：在PLC开始运行的第一个扫描周期,其线圈得电(对计数器、移位寄存器、状态寄存器等进行初始化)。

M8003：在PLC开始运行的第一个扫描周期,其线圈失电。

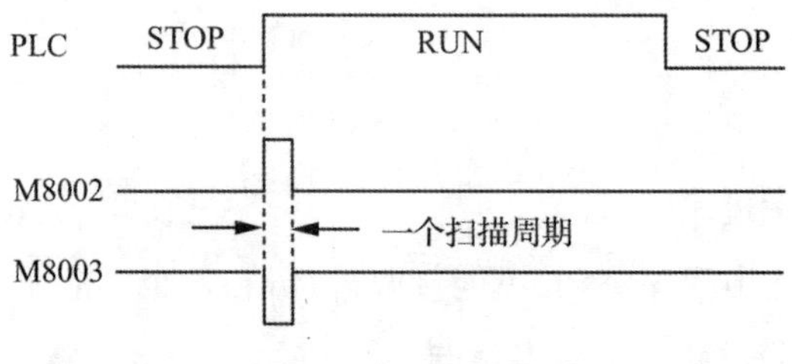

图2-2 初始化继电器

③ 出错指示继电器。

M8004：当PLC有错误时,其线圈得电。

M8005：当PLC锂电池电压下降至规定值时,其线圈得电。

M8061：当PLC出现硬件出错时,其线圈得电。

M8064：当PLC出现参数出错时,其线圈得电。

M8065：当PLC出现语法出错时,其线圈得电。

M8066：当PLC出现电路出错时,其线圈得电。

M8067：当PLC出现运算出错时,其线圈得电。

M8068：当线圈得电时,锁存错误运算结果。

④ 时钟继电器(图2-3)。

M8011：产生周期为10ms的脉冲。

M8012：产生周期为100ms的脉冲。

M8013：产生周期为1s的脉冲。

M8014：产生周期为 1min 的脉冲。

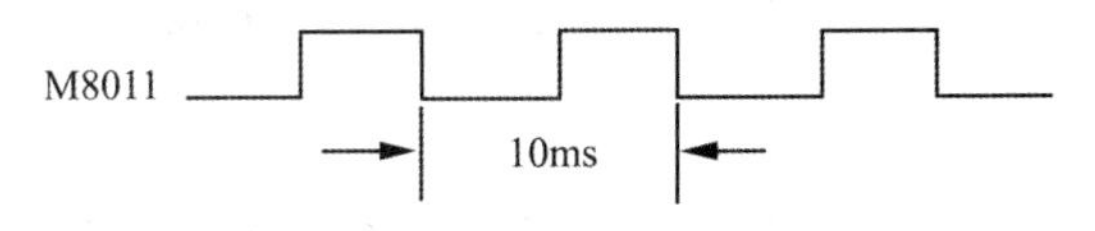

图 2-3　时钟继电器 M8011

⑤ 标志继电器。

M8020：零标志。当运算结果为 0 时，其线圈得电。

M8021：借位标志。减法运算的结果为负的最大值以下时，其线圈得电。

M8022：进位标志。加法运算或移位操作的结果发生进位时，其线圈得电。

⑥ PLC 模式继电器。

M8034：禁止全部输出。当 M8034 线圈被接通时，PLC 的所有输出自动断开。

M8039：恒定扫描周期方式。当 M8039 线圈被接通时，PLC 以恒定的扫描方式运行。恒定扫描周期值由 D8039 决定。

M8031：非保持型继电器、寄存器，状态清除。

M8032：保持型继电器、寄存器，状态清除。

M8033：当 RUN→STOP 时，输出保持 RUN 前状态。

M8035：强制运行（RUN）监视。

M8036：强制运行（RUN）。

M8037：强制停止（STOP）。

4. 状态寄存器（S）

作用：用于编制顺序控制程序的状态标志。

① 初始化用：S0 ~ S9。

这 10 个状态寄存器用于步进程序中的初始状态。

② 通用：S10 ~ S127。

这 118 个状态寄存器用于步进程序中的普通状态。

注意：不使用步进指令时，状态寄存器也可当作辅助继电器使用。

5. 定时器（T）

作用：相当于时间继电器。

分类：普通定时器、积算定时器。

定时器工作原理：当定时器线圈得电时，定时器对相应的时钟脉冲（100ms、10ms、

1ms)从 0 开始计数。当计数值等于设定值时,定时器的触点接通。

定时器组成:初值寄存器(16 位)、当前值寄存器(16 位)、输出状态的映像寄存器(1 位)——元件号 T。

定时器的设定值可用常数 K 表示,也可用数据寄存器 D 中的参数表示。K 的范围为 1 ~32767。

注意:若定时器线圈中途断电,则定时器的计数值复位。

① 普通定时器(图 2-4)。

输入断开或发生断电时,计数器和触点复位。

100ms 定时器:T0 ~ T199,共 200 个,定时范围为 0.1 ~3276.7s

10ms 定时器:T200 ~ T245,共 46 个,定时范围为 0.01 ~327.67s

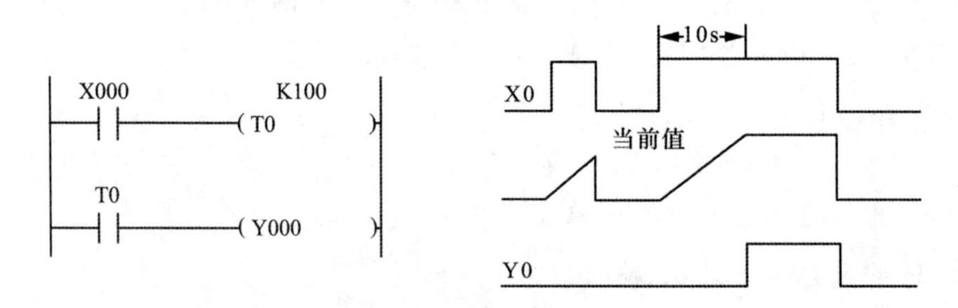

图 2-4　普通定时器

② 积算定时器(图 2-5)。

输入断开或发生断电时,当前值保持,只有复位接通时,计数器和触点复位。

复位指令:如 RST T250。

1ms 积算定时器:T246 ~ T249,共 4 个(中断动作),定时范围为 0.001 ~32.767s

100ms 积算定时器:T250 ~ T255,共 6 个,定时范围为 0.1 ~3276.7s

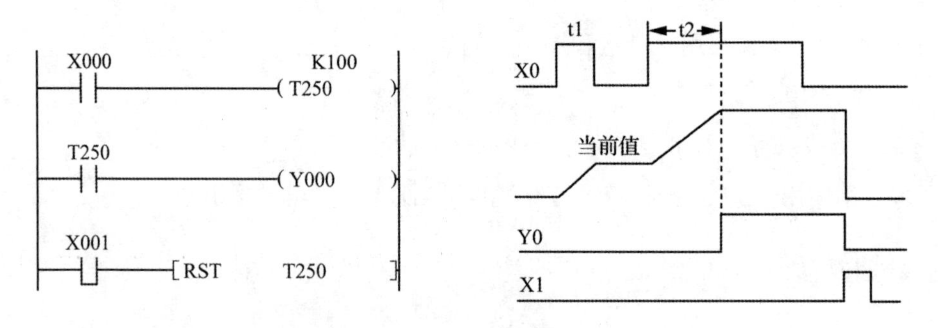

图 2-5　积算定时器

6. 计数器(C)

计数器:对内部元件 X、Y、M、T、C 的信号进行记数(当计数值达到设定值时计数器触点动作)。

计数器分类:普通计数器、双向计数器、高速计数器。

计数器工作原理:计数器从 0 开始计数,每来一个脉冲计数端计数值加 1,当计数值与设定值相等时,计数器触点动作(图 2-6)。

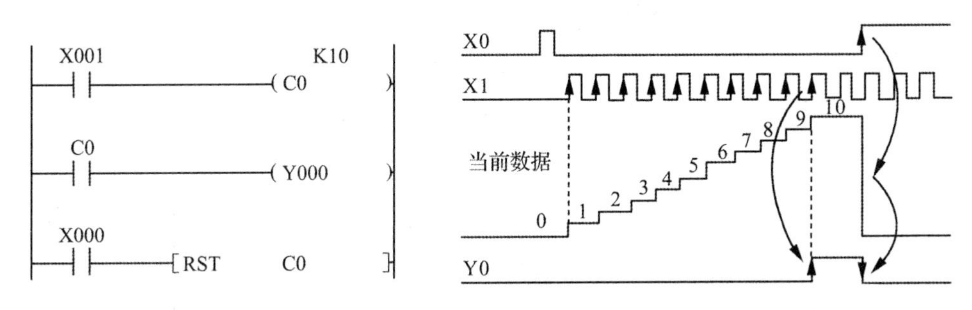

图 2-6　计数器

计数器的设定值可用常数 K 表示,也可用数据寄存器 D 中的参数表示。计数值设定范围为1 ~ 32767。

注意:RST 端一接通,计数器立即复位。

① 普通计数器(计数范围为 K1 ~ K32767)。

16 位通用加法计数器:C0 ~ C99。

16 位掉电保持计数器:C100 ~ C199。

② 双向计数器(计数范围为 -2147483648 ~ 2147483647)。

32 位通用双向计数器:C200 ~ C219,共 20 个。

32 位掉电保持计数器:C220 ~ C234,共 15 个。

说明:

A. 设定值可直接用常数 K 或间接用数据寄存器 D 中的内容表示。间接设定时,要用编号紧连在一起的两个数据寄存器表示。

B. C200 ~ C234 计数器的计数方向(加/减计数)由特殊辅助继电器 M8200 ~ M8234 设定。当 M82xx 接通(置 1)时,对应的计数器 C2xx 为减法计数;当 M82xx 断开(置 0)时,则为加法计数。

7. 数据寄存器(D)

数据寄存器(D)用于存储数值型数据。这类数据寄存器都是 16 位的数值型数据(最高位为符号位,可处理的数值范围为 -32768 ~ +32767)。若两个相邻的数据寄存器组合,可存储32位的数值型数据(最高位为符号位,可处理数值范围为 -2147483648 ~ +2147483647)。数据寄存器可分为如下几类。

① 通用型数据寄存器(D0 ~ D199),共200点。

通用型数据寄存器一旦写入数据,只要不再写入其他数据,其内容不变。但是在PLC从运行到停止或断电时,所有数据都将被清零(若驱动特殊辅助继电器M8033,则可以保持)。

② 断电保持型数据存储器(D200 ~ D7999),共7800点。

只要不改写,无论PLC是从运行到停止,还是断电时,断电保持型数据寄存器里的数值将保持不变。需要注意的是,当使用PLC并联通信功能时,D490 ~ D509被作为通信专用寄存器使用。

③ 特殊数据寄存器(D8000 ~ D8255),共256点。

特殊数据寄存器供监控机内元件的运行方式用。在电源接通时,利用ROM写入初始值。例如,在D8000中,存有监视定时器的时间设定值。

④ 文件数据存储器(D1000 ~ D7999)。

文件数据存储器实际上是一类专用的数据存储器,用于存储大量的数据,如采集数据、统计计算数据等。

8. 变址寄存器(V、Z)

变址寄存器和通用数据寄存器一样,是进行数值型数据读、写的16位数据寄存器。FX2N系列PLC的变址寄存器V和Z各有8点,分别是V0 ~ V7、Z0 ~ Z7,主要用于修改元件的地址编号。例如,Z0 = 2,则D10Z0变为D12(10 + 2 = 12);V1 = 3,则K1M0V1变为K1M3(0 + 3 = 3)。但是变址寄存器不能修改V和Z本身或位数指定用的Kn参数。例如,K1M0V1有效,而K1V1M0无效。

9. 指针(P、I)

在FX系列中,指针用来指示分支指令的跳转目标和中断程序的入口标号。指针分为分支用指针和中断用指针。

① 分支用指针(P0 ~ P127)。

FX2N有P0 ~ P127共128点分支用指针。分支用指针用来指示跳转指令(CJ)的跳转目标或子程序调用指令(CALL)调用子程序的入口地址。

② 中断用指针(I0□□ ~ I8□□)。

中断用指针用来指示某一中断程序的入口位置。执行中断后遇到 IRET(中断返回)指令,则返回主程序。中断用指针有以下三种类型:

a. 输入中断用指针(I00□ ~ I50□),共 6 点。

输入中断用指针用来指示由特定输入端的输入信号产生中断的中断服务程序的入口位置。这类中断不受 PLC 扫描周期的影响。输入中断用指针的编号格式如下:

例如,I101 为当输入端 X1 从 OFF→ON 时,执行以 I101 为标号后面的中断程序,并根据 IRET 指令返回。

b. 定时器中断用指针(I6□□ ~ I8□□),共 3 点。

定时器中断用指针用来指示周期定时中断的中断服务程序的入口位置。这类中断的作用是使 PLC 以指定的周期定时执行中断服务程序,定时循环处理某些任务。处理的时间也不受 PLC 扫描周期的限制。□□表示定时范围,可在 10 ~ 99ms 中选取。

c. 计数器中断用指针(I010 ~ I060),共 6 点。

计数器中断用指针被用在 PLC 内置的高速计数器中,根据高速计数器的计数当前值与计数设定值之关系确定是否执行中断服务程序。它常被用于利用高速计数器优先处理计数结果的场合。

习 题

2-1 列写出 5 种 PLC 内部(软)继电器,并说明其在控制逻辑中的主要作用。

2-2 PLC 中共有几种分辨率的定时器? 它们的刷新方式有何不同?

2-3 有两台电动机——1M 拖动运输机和 2M 拖动卸料机,试用 PLC 设计一条自动运输线。要求:

① 1M 启动后,2M 才能启动;

② 2M 先停止,经过一段时间后 1M 才自动停止,且 2M 可以单独停止;

③ 两台电动机均有短路、长期过载保护。

2-4 设计 1M 和 2M 两台电动机顺序启、停的控制线路。要求:

① 1M 启动后,2M 立即自动启动;

② 1M 停止后,延时一段时间,2M 才自动停止;2M 能点动调整工作;两台电动机均有短路、长期过载保护。试用 PLC 设计出其控制程序。

项目三 基本指令

FX2N系列的PLC共有基本指令27条。本章主要介绍这些基本指令的功能以及将梯形图转化成指令表、将指令表转化成梯形图的方法；然后通过一些编程示例，介绍基本指令的应用和一些编程的规则。

任务 掌握基本指令

1. LD、LDI、OUT指令

LD为取指令，表示每一行程序中第一个与母线相连的常开触点(图3-1)。另外，与后面讲到的ANB、ORB指令组合，在分支起点处也可使用。

LDI为取反指令，与LD的用法相同，只是LDI针对常闭触点。LD、LDI两条指令的目标元件是X、Y、M、S、T、C。

OUT为线圈驱动指令，可用于输出继电器(Y)、辅助继电器(M)、状态器(S)、定时器(T)、计数器(C)，但不能用于输入继电器(X)。

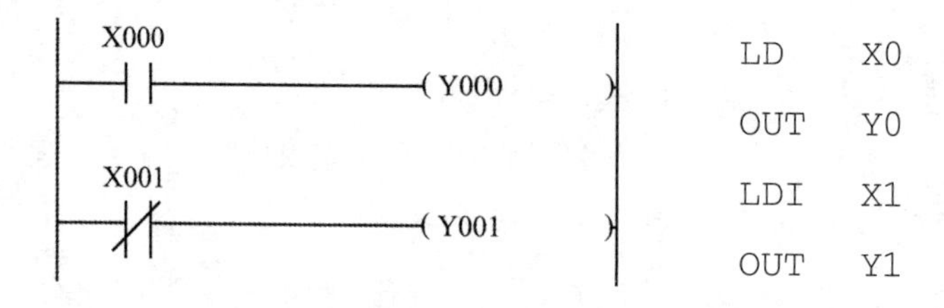

图3-1 LD、LDI、OUT指令的使用说明

2. 触点串联指令(AND、ANI)

AND为与指令，用于单个常开触点的串联。

ANI为与非指令，用于单个常闭触点的串联。

AND 与 ANI 都是一个程序步指令，对串联触点的个数没有限制，可以多次重复使用。其使用说明如图 3-2 所示。这两条指令的目标元件为 X、Y、M、S、T、C。

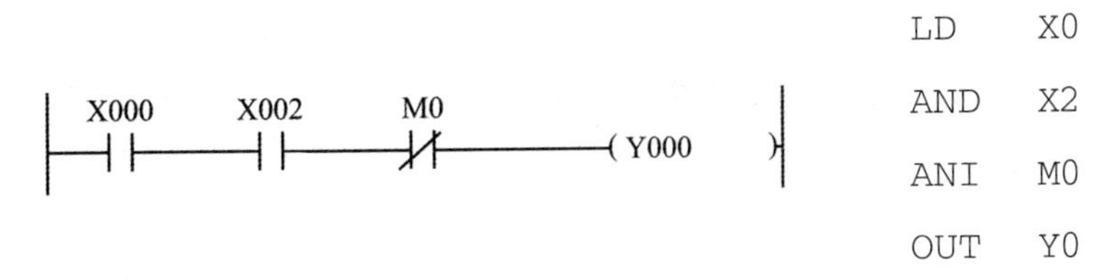

图 3-2　AND、ANI 指令

3. 触点并联指令（OR、ORI）

OR 为或指令，ORI 为或非指令。

这两条指令都用于单个触点并联。操作的目标元件是 X、Y、M、S、T、C。OR 用于常开触点，ORI 用于常闭触点，并联的次数可以是无限次。其使用说明如图 3-3 所示。

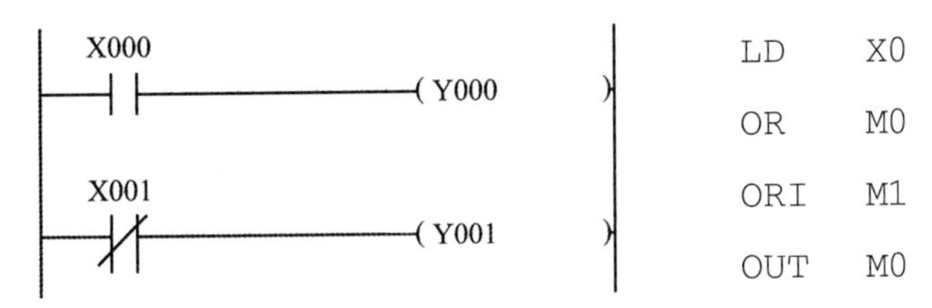

图 3-3　OR、ORI 指令

4. 取脉冲指令（LDP、LDF、ANDP、ANDF、ORP、ORF）

LDP、ANDP、ORP 指令是进行上升沿检测的触点指令，仅在指定的位元件上升沿（OFF→ON）时，接通一个扫描周期。操作的目标元件是 X、Y、M、S、T、C。LDP 使用说明如图 3-4（a）所示。

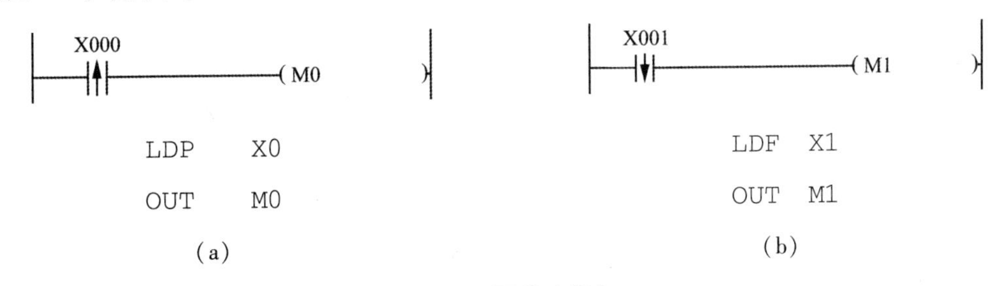

图 3-4　取脉冲指令

LDF、ANDF、ORF 指令是进行下降沿检测的触点指令，仅在指定位元件下降沿（ON→OFF）时，接通一个扫描周期。操作的目标元件是 X、Y、M、S、T、C。LDF 使用说明如图 3-4（b）所示。

5. 串联电路块并联指令(ORB)

两个或两个以上触点串联的电路指令称为串联电路块。当串联电路块和其他电路并联时,分支开始用 LD、LDI 指令,分支结束用 ORB 指令。ORB 指令和后面的 ANB 指令是不带操作数的独立指令。电路中有多少个串联电路块就用多少次 ORB 指令。ORB 使用的次数不受限制。

ORB 指令也可成批使用,但是由于 LD、LDI 指令的重复使用次数被限制在 8 次以下,因此 ORB 的使用次数也会受其影响。其使用说明如图 3-5 所示。

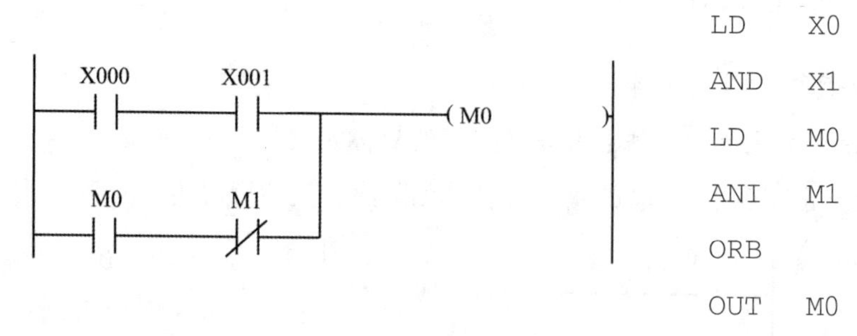

图 3-5 ORB 指令

6. 并联电路块串联指令(ANB)

两个或两个以上触点并联的电路称为并联电路块。ANB 指令用于并联电路块和其他接点串联时。电路块的起点用 LD、LDI 指令,并联电路块结束后,使用 ANB 指令与前面串联。ANB 指令是无操作目标元件的指令。其使用说明如图 3-6 所示。

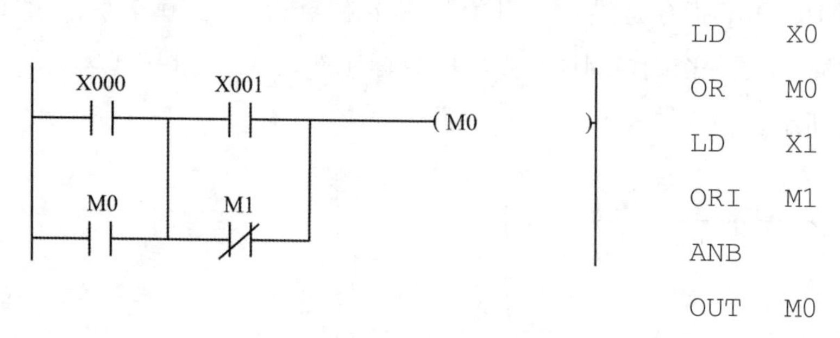

图 3-6 ANB 指令

7. 多重输出指令(MPS、MRD、MPP)

MPS 为进栈指令,MRD 为读栈指令,MPP 为出栈指令。

在 PLC 中有 11 个存储器,它们被用来存储运算的中间结果,称为栈存储器。PLC 首先使用 1 次 MPS 指令,将此时的运算结果送入栈存储器的第 1 段。再使用 MPS 指令,又将此时的运算结果送入栈存储器的第 1 段，而将原先存入的数据依次移到栈存储器的下一段。

使用 MPP 指令时，各数据按顺序向上移动，最上段的数据被读出，同时该数据就从栈存储器中消失。MRD 是读出最上段所存的最新数据的专用指令。栈存储器内的数据不发生移动。这些指令都是不带操作数的独立指令。MPS、MRD、MPP 指令的使用说明如图 3-7 所示。

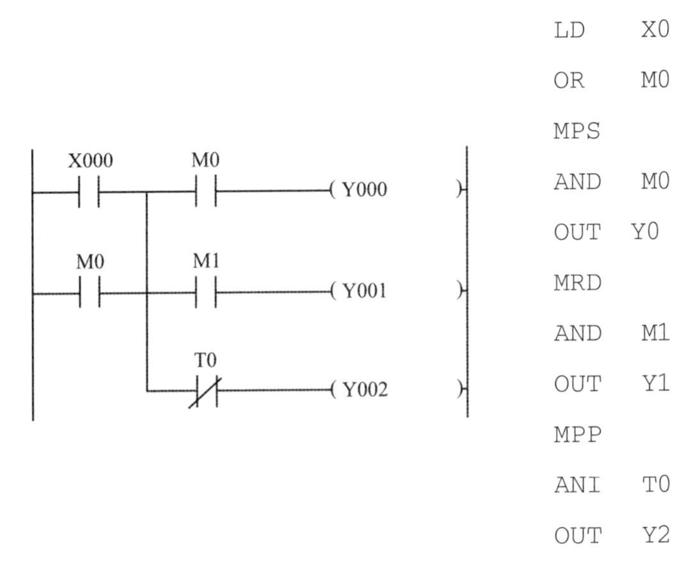

图 3-7　MPS、MRD、MPP 指令

8. 主控及主控复位指令（MC、MCR）

MC 为主控指令，用于公共串联触点的连接。MCR 为主控复位指令，用于公共串联触点的清除。

主控（MC）指令被执行后，母线（LD、LDI 点）移到主控触点后，MCR 为将其返回原母线的指令。通过更改软元件地址号 Y、M，主控指令可被多次使用，但不同的主控指令不能使用同一软件号，否则就是双线圈输出。MC、MCR 指令的应用如图 3-8 所示。当 X0 接通时，直接执行从 MC 到 MCR 的指令。当输入 X0 断开时，积算定时器、计数器、用置位/复位指令驱动的软件保持当前状态。非积算定时器，用 OUT 指令驱动的软元件全部复位。

在没有嵌套结构时，通用 N0 编程。N0 的使用次数没有限制。有嵌套结构时，嵌套级 N 的地址号增大，即 N0→N1→N2→N3→N4→N5→N6→N7。在将指令返回时，采用 MCR 指令，则大的嵌套级先被消除。

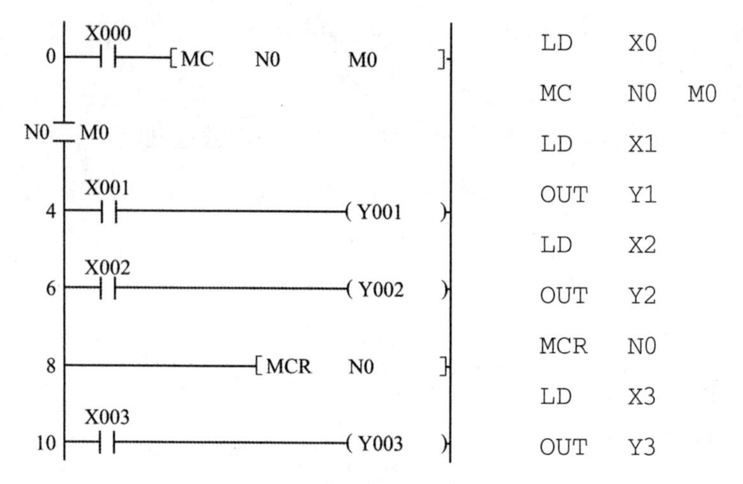

图 3-8 MC、MCR 指令

9. INV 指令

INV 指令是将执行 INV 指令之前的运算结果反转的指令,是不带操作数的独立指令。其应用如图 3-9 所示。若 X0 断开,则 Y0 接通;若 X0 接通,则 Y0 断开。

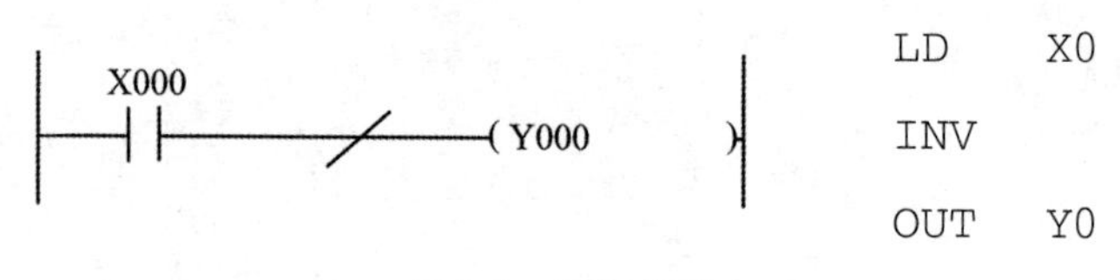

图 3-9 INV 指令

10. SET、RST 指令

SET 为置位指令,使动作保持;RST 为复位指令,使操作保持复位。

SET、RST 指令的使用说明如图 3-10 所示。当 X0 接通,即使其再断开,Y0 也保持接通。当 X1 接通,即使其再断开,Y0 也保持断开。SET 指令操作的目标元件为 Y、M、S,而 RST 指令操作的目标元件是 Y、M、S、D、V、Z、T、C。

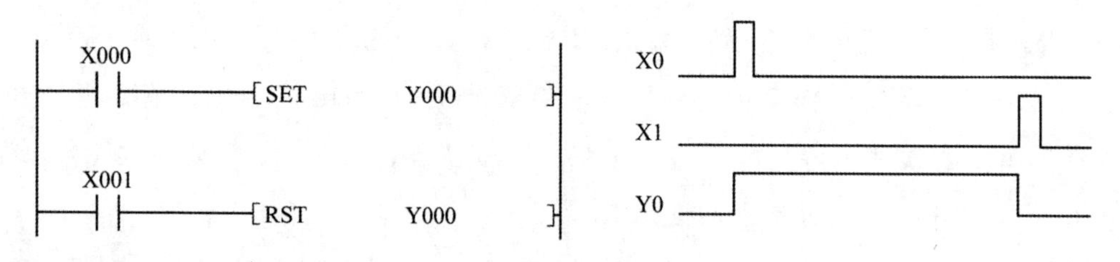

图 3-10 SET、RST 指令

11. PLS、PLF 指令

PLS 为上升沿微分输出指令。当输入条件为 ON 时(上升沿),相应的输出位元件 Y 或 M 接通一个扫描周期。PLF 为下降沿微分输出指令。当输入条件为 OFF 时(下降沿),相应的输出位元件 Y 或 M 接通一个扫描周期。

这两条指令都是 2 个程序步指令。它们的目标元件是 Y 和 M,但特殊辅助继电器不能作为目标元件。其动作过程如图 3-11 所示。

使用这两条指令时,要特别注意目标元件。例如,在驱动输入接通时,PLC 由运行→停止→运行,此时 PLS M0 动作,但 PLS M600(断电保持辅助继电器)不动作。这是因为 M600 在断电停机时,其动作也能保持。

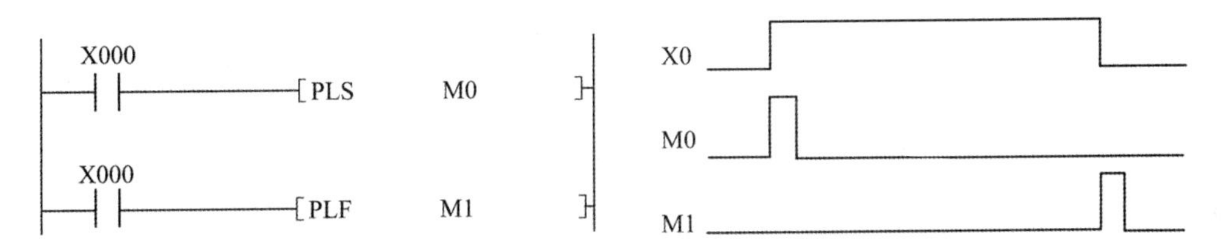

图 3-11 PLS、PLF 指令

12. NOP、END 指令

NOP 是空操作指令,它不带操作数。在普通指令之间插入 NOP 指令后,程序执行结果并不会被影响。但是若将已写入的指令换成 NOP 指令,则被换的程序被删除,程序发生变化。所以用 NOP 指令可以对程序进行编辑。

END 是程序结束指令。当一个程序结束时,末尾用 END,而写在 END 后的程序不能被执行。如果程序结束不用 END,程序执行时会扫描完整个用户存储器,延长程序的执行时间。有的 PLC 还会提示程序出错,使得程序不能运行。

习 题

3-1 ANB 指令是电路块与指令,ORB 是电路块或指令,与________指令不同。

3-2 在 PLC 栈操作中,有进栈指令、__________、__________和________。

3-3 在栈操作中________与________必须成对出现,________指令可以根据应用随意出现。

3-4 PLS为__________指令，PLF为__________指令，皆输出一个扫描周期的脉冲信号。

3-5 将梯形图图3-12转换为指令表。

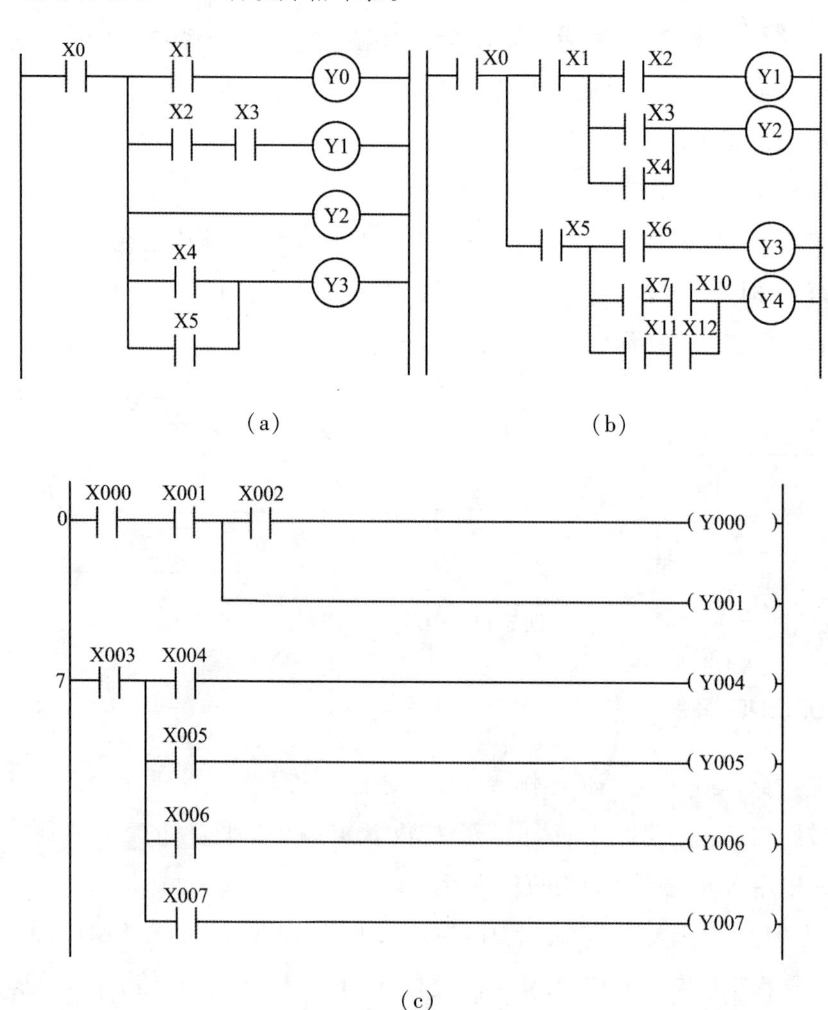

图3-12 梯形图程序

项目四 PLC 功能指令应用

早期的 PLC 大多用开关量控制，基本指令和步进指令已经可以满足控制要求。为适应控制系统的其他控制要求(如模拟量控制)，从 20 世纪 80 年代起，PLC 生产厂家就开始在 PLC 上增加大量的功能指令。功能指令的出现大大拓宽了 PLC 的应用范围，也给用户编程带来了极大的方便。FX 系列 PLC 有 100 多条功能指令。限于篇幅，本节仅对常见的功能指令加以介绍。

任务一　自动送料小车控制

如图 4-1 所示，送料小车由电机带动，可在 SQ1 和 SQ3 之间移动。设小车初始位置在左边，限位开关 SQ1 处于“ON”状态。“启动”按钮 SB1 被按下后，小车往右运动，碰到限位开关 SQ2 后，变为左行；小车返回限位开关 SQ1 处后变为右行，碰到限位开关 SQ3 后变为左行；返回起始位置后停止。

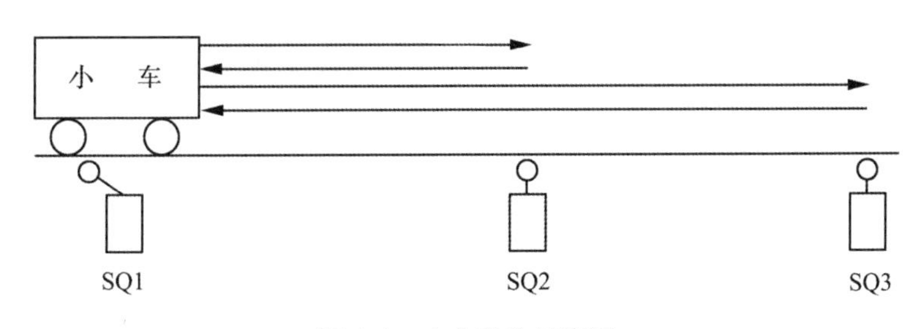

图 4-1　小车动作示意图

1. 任务分析

该送料小车的运动过程相对简单，采用基本指令或者步进指令都可以编写出程序，若采用功能指令，又该如何编写程序呢？

2. 相关知识——功能指令的组成格式、传送指令、比较指令等

(1) 数据类软元件及存储器

① 位元件。

前面的单元已经介绍了输入继电器X、输出继电器Y、辅助继电器M等编程元件。这些软元件只有两个状态"ON"和"OFF",主要用于开关量信息的传递、变换及逻辑处理,反映的是"位"的变化,因此被称为"位元件"。位元件有四个:X、Y、M、S。

② 位组合元件。

在PLC中人们希望能直接使用十进制数据。FX2N系列PLC使用BCD码表示十进制数据,将4位位元件组合使用。位组合元件的表达形式为KnX、KnY、KnM、KnS。其中Kn表示有n组这样的数据。例如,KnX0表示的位组合元件是由X0开始的n组位元件组合。若n=1,则K1X0表示的是由X3、X2、X1、X0四位输入继电器组成的位组合元件。其中,X3为最高位,X0为起始位(最低位)。若n=2,则K2X0表示的是由X7、X6、X5、X4、X3、X2、X1、X0八位输入继电器组成的位组合元件。其中,X7为最高位,X0为起始位(最低位)。若n=3,则K3X0表示的是由X13~X0十二位输入继电器组成的位组合元件;若n=4,则K4X0表示的是由X17~X0十六位输入继电器组成的位组合元件。n的取值范围为1~8。

位组合元件、数据寄存器、变址寄存器、定时器T的当前值寄存器、计数器C的当前值寄存器等能够处理数值型数据的元件统称为"字元件"。

(2) 功能指令的格式

与基本指令不同,功能指令不是表达梯形图符号间的关系,而是直接表达指令的功能。如图4-2所示,当X0接通时,D0的值变为5。

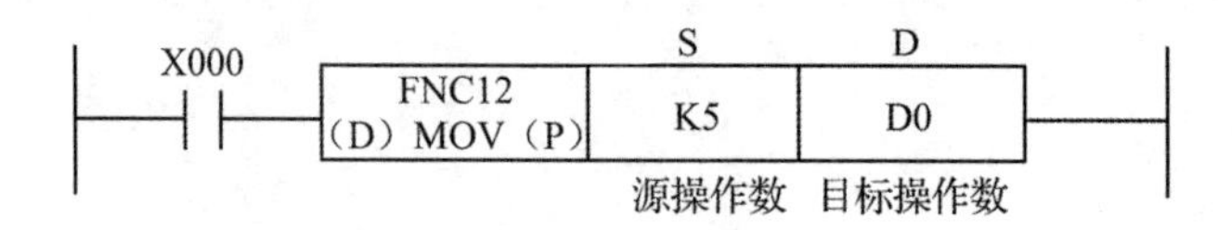

图4-2 功能指令格式

① 编号。

功能指令编号用FNC00~FNC294表示,并给出对应的助记符。例如,FNC12的助记符是MOV(传送),FNC20的助记符是ADD(加法)。

② 助记符。

指令名称用助记符表示。功能指令的助记符为该指令的英文缩写。例如,传送指令

MOVE 简写成 MOV,加法指令 ADDITION 简写成 ADD。

③ 数据长度。

功能指令按照处理数据的长度分为 16 位指令和 32 位指令。若在助记符前加"D",则为 32 位指令;若无"D",则为 16 位指令。例如,MOV 为 16 位指令,DMOV 为 32 位指令。

④ 执行形式。

功能指令有脉冲执行型和连续执行型两种形式。在助记符后标有"P"的为脉冲执行型指令,无字母"P"的为连续执行型指令。脉冲执行型指令在执行条件满足时,仅执行一个扫描周期。例如,一条加法指令,在脉冲执行时,只将加数和被加数相加一次。而连续型加法运算在执行条件满足时,在每一个扫描周期都要相加一次。

⑤ 操作数。

操作数是功能指令中参与操作的对象,少部分功能指令没有操作数,大部分功能指令有 1 ~4 个操作数。操作数分为源操作数、目标操作数及其他操作数。源操作数被执行后,其内容不发生改变,用【S】表示。目标操作数被执行后,其内容发生改变,用【D】表示。若操作数为多个,可以添加编号以示区别,如【S1】【S2】。其他操作数通常用来表示常数或者对源操作数和目标操作数进行补充说明。其他操作数用 m 和 n 表示。表示常数时,K 为十进制常数,H 为十六进制常数。

操作数从根本上说,是参加运算数据的地址。地址是依照元件的类型分布在存储区中的。由于不同的指令对参与操作的元件类型有一定的限制,因此,操作数的取值就有一定的范围。

(3) 传送指令(MOV)

传送指令 MOV 的功能是将源数据传送到指定的目标。如图 4-3 所示,当 X0 为 ON 时,将源数据十进制数 K8 自动转化为二进制数传送到 K2Y000 中,则 Y7 ~ Y0 分别输出 00001000。

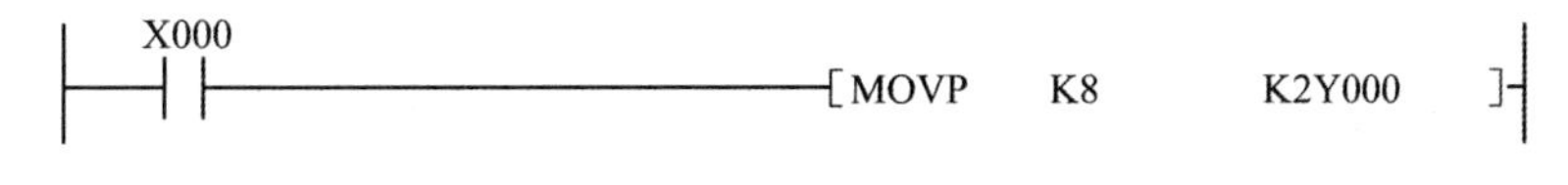

图 4-3 传送指令用法

使用 MOV 指令时应注意以下两点:

① 源操作数可以取所有数据类型,目标操作数可以是 KnY、KnM、KnS、T、C、D、V 和 Z 类型。

② 16 位运算占 5 个程序步,32 位运算占 9 个程序步。

(4) **比较指令**(CMP)

比较指令 CMP 可比较两个源操作数【S1】【S2】的数值大小,并将结果送到目标操作数【D】~【D+2】中,如图 4-4 所示。

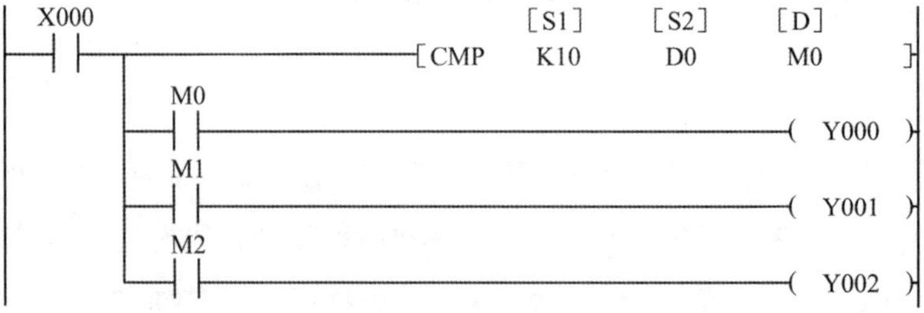

图 4-4 比较指令用法

当 X0 为 ON 时,若 D0 < K10,则 M0 为 ON,Y0 接通;若 D0 = K10,则 M1 为 ON,Y1 接通;若 D0 > K10,则 M2 为 ON,Y2 接通。X0 为 OFF 时,执行结果保持。

使用 CMP 指令时应注意以下三点:

① 数据比较是代数值的比较,即带符号位的比较。

② CMP 指令中的【S1】【S2】可以是所有的字元件,【D】为 Y、M、S。

③ 若要清除比较结果,则采用 RST 指令,如图 4-5 所示。

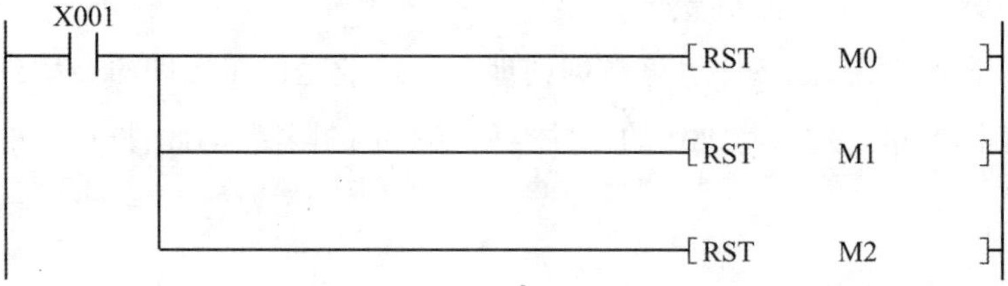

图 4-5 采用 RST 指令清除结果

当 X1 为 ON 时,M0、M1、M2 复位。

3. 任务实施

(1) **画出 I/O 接线图**

根据任务单,送料小车有左行和右行的要求,因此小车电机应有正转和反转,其主电路图如图 4-6 所示。I/O 接线图如图 4-7 所示。接线图上添加了 KM1 与 KM2 的互锁电路,以防止 KM1 和 KM2 同时通电造成对电机的损坏。

(2) **编制梯形图程序**

当 Y0 接通时,KM1 通电,电机正转,驱动小车右行;当 Y1 接通时,KM2 通电,电机反转,驱动小车左行。将 Y3、Y2、Y1、Y0 组成一个四位的位组合元件(这里的 Y3、Y2 没有用到)。若电机右行,则令 K1Y0 = 1;若电机左行,则令 K1Y0 = 2。通过传送指令 MOV 给 K1Y0 赋值。通过计数器 C0 判断小车是第几次处于原点,通过比较指令 CMP 判断小车是否第二次处于原点位置。若不是(常闭触点 M1 保持闭合),则小车右行至 SQ2 处返回;若是(常闭触点 M1 断开),则小车右行至 SQ3 处返回。当小车完成整个工作过程后,小车第三次处于原点位置,此时计数器 C0 常开触点闭合,电机停止,比较结果清零,计数器复位。

梯形图程序如图 4-8 所示。

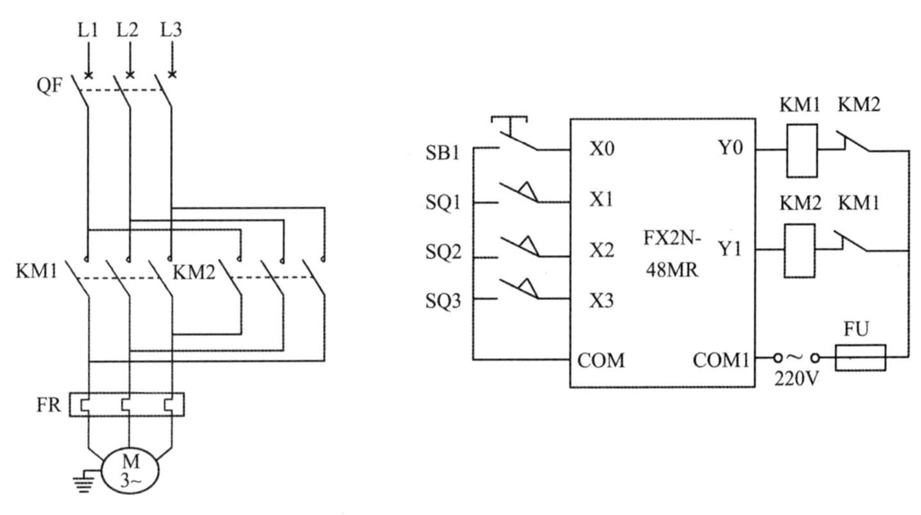

图 4-6　电机主电路图　　　　图 4-7　I/O 接线图

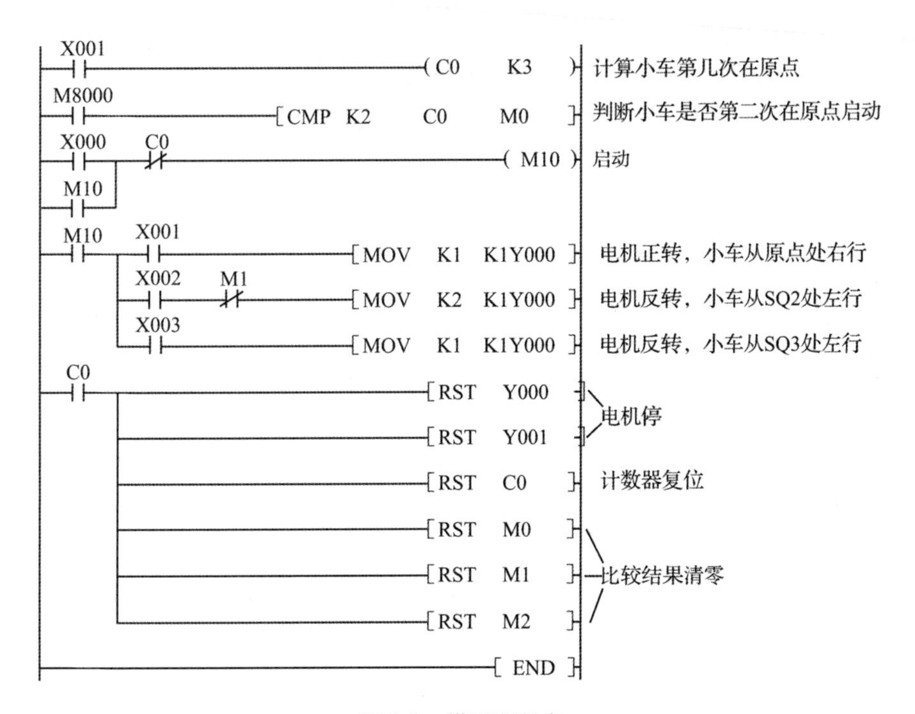

图 4-8　梯形图程序

(3) 程序调试

按照电机主电路图和 I/O 接线图安装各设备,输入程序,运行并调试,观察结果。

4. 知识拓展——比较类指令、传送类指令

(1) 区间比较指令(ZCP)

区间比较指令 ZCP 将一个数据【S】和两个源数据【S1】【S2】之间的数据进行比较,并将比较的结果送到目标操作数【D】~【D+2】中,如图 4-9 所示。

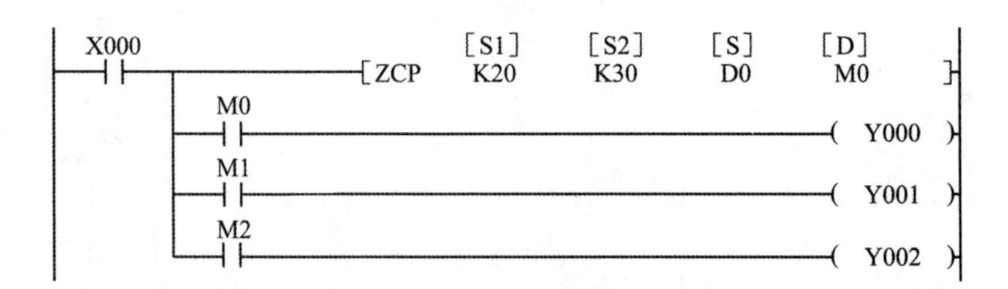

图 4-9 区间比较指令用法

当 X0 为 ON 时,若 D0 < K20,则 M0 为 ON,Y0 接通;若 K20≤D0≤K30,则 M1 为 ON,Y1 接通;若 D0 > K30,则 M2 为 ON,Y2 接通。当 X0 为 OFF 时,执行结果保持。

使用 ZCP 指令时应注意以下四点:

① 数据比较是代数值的比较,即带符号位的比较。

② ZCP 指令中的【S1】【S2】可以是所有字元件,【D】为 Y、M、S。

③ 源操作数中的【S1】需小于【S2】,才能构成比较区间。

④ 若要清除比较结果,则采用 RST 指令,如图 4-10 所示。

图 4-10 使用 RST 指令清除结果

当 X1 为 ON 时,M0、M1、M2 复位。

(2) 触点型比较指令

触点型比较指令相当于一个触点,执行时比较两个源操作数【S1】【S2】,当条件满足时触点闭合。源操作数【S1】【S2】可以取所有类型的数据。各触点型比较指令见表 4-1。

表 4-1　各触点型比较指令

助记符	命令名称	助记符	命令名称
LD =	当【S1】=【S2】时,触点接通	AND < >	当【S1】< >【S2】时,串联触点接通
LD >	当【S1】>【S2】时,触点接通	AND > =	当【S1】> =【S2】时,串联触点接通
LD <	当【S1】<【S2】时,触点接通	AND < =	当【S1】< =【S2】时,串联触点接通
LD < >	当【S1】< >【S2】时,触点接通	OR =	当【S1】=【S2】时,并联触点接通
LD > =	当【S1】> =【S2】时,触点接通	OR >	当【S1】>【S2】时,并联触点接通
LD < =	当【S1】< =【S2】时,触点接通	OR <	当【S1】<【S2】时,并联触点接通
AND =	当【S1】=【S2】时,串联触点接通	OR < >	当【S1】< >【S2】时,并联触点接通
AND >	当【S1】>【S2】时,串联触点接通	OR > =	当【S1】> =【S2】时,并联触点接通
AND <	当【S1】<【S2】时,串联触点接通	OR < =	当【S1】< =【S2】时,并联触点接通

如图 4-11 所示,当 D0 = K10 时,M0 接通;当 X0 闭合并且 D1 ≠ K20 时,M1 接通;当 X2 闭合或者 C0 当前值≤K40 时,M2 接通。

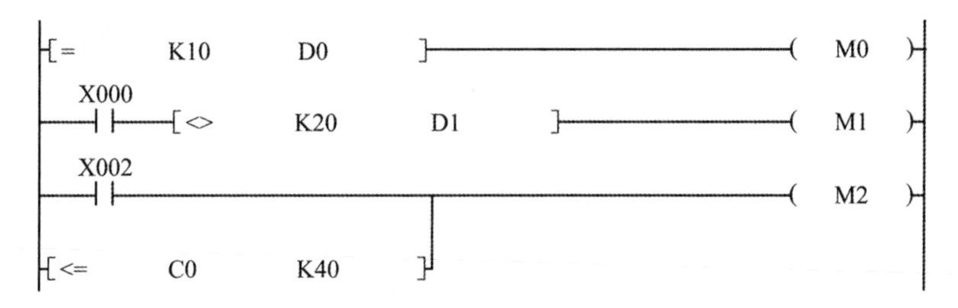

图 4-11　触点型比较指令用法

任务二　学生成绩统计系统设计

1. 任务引入

如表 4-2 所示,使用 PLC 编程的方法统计五个学生的总成绩和平均成绩。

表 4-2　统计学生的总成绩和平均成绩

学号	成绩	总成绩	平均成绩
1	60		
2	89		
3	78		
4	80		
5	65		

2. 任务分析

总成绩 = 60 + 89 + 78 + 80 + 65，平均成绩 = 总成绩 ÷ 5。要完成上述计算，需要用到 PLC 中的四则运算指令。

3. 相关知识——四则运算指令

（1）加法指令（ADD）

ADD 指令将两个源操作数【S1】【S2】的数据相加，然后存放在目标操作数【D】中。如图 4-12 所示，当 X0 接通时，将 K20 和 K390 相加，并将结果存放在 D0 中。

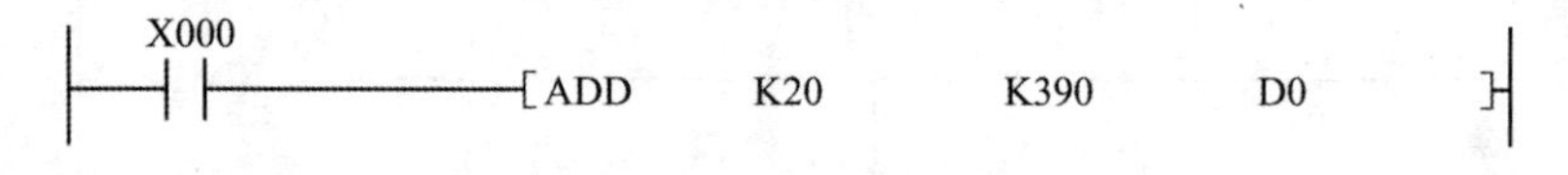

图 4-12　加法指令用法

使用 ADD 指令应注意以下事项：

① 源操作数【S1】【S2】可以是 K、H、KnX、KnY、KnM、KnS、T、C、D、V、Z，目标操作数可以是 KnY、KnM、KnS、T、C、D、V、Z。

② 源操作数必须是二进制数据，其最高位为符号位。如果最高位为“0”，则表示数值为正；如果最高位为“1”，则表示数值为负。

③ 源操作数是 16 位的二进制数时，数据范围为 -32768 ~ +32767；源操作数是 32 位的二进制数时，数据范围为 -2147483648 ~ +2147483647。

④ 运算结果为零时，零标志 M8020 = ON；运算结果为负时，借位标志 M8021 = ON；运算结果溢出时，进位标志 M8022 = ON。

（2）减法指令（SUB）

SUB 指令将两个源操作数【S1】【S2】的数据相减，然后将结果存放在目标操作数【D】中。如图 4-13 所示，当 X0 接通时，将 D0 的值减去 D1 的值，并将结果存放在 D2 中。

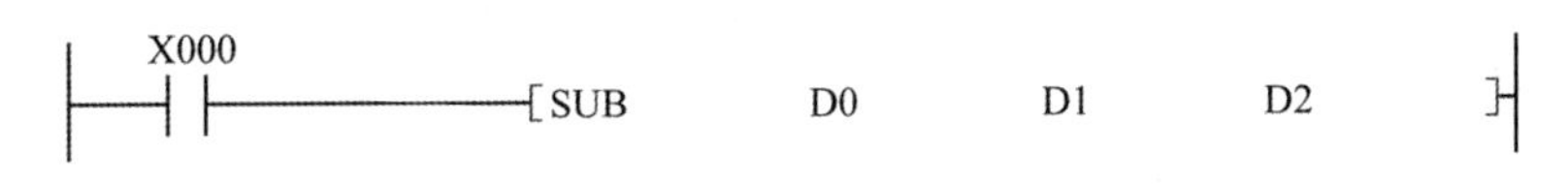

图 4-13　减法指令用法

使用 SUB 指令应注意以下事项：

① 源操作数【S1】【S2】可以是 K、H、KnX、KnY、KnM、KnS、T、C、D、V、Z，目标操作数可以是 KnY、KnM、KnS、T、C、D、V、Z。

② 源操作数必须是二进制数据，其最高位为符号位。如果最高位为“0”，则表示数值为正；如果最高位为“1”，则表示数值为负。

③ 源操作数是 16 位的二进制数时，数据范围为 -32768 ~ +32767；源操作数是 32 位的二进制数时，数据范围为 -2147483648 ~ +2147483647。

④ 运算结果为零时，零标志 M8020 = ON；运算结果为负时，借位标志 M8021 = ON；运算结果溢出时，进位标志 M8022 = ON。

(3) 乘法指令(MUL)

MUL 指令将两个源操作数【S1】【S2】的数据相乘，并将结果存放在目标操作数【D+1】~【D】中。如图 4-14 所示，当 X0 接通时，【D0】×【D1】=【D3,D2】。

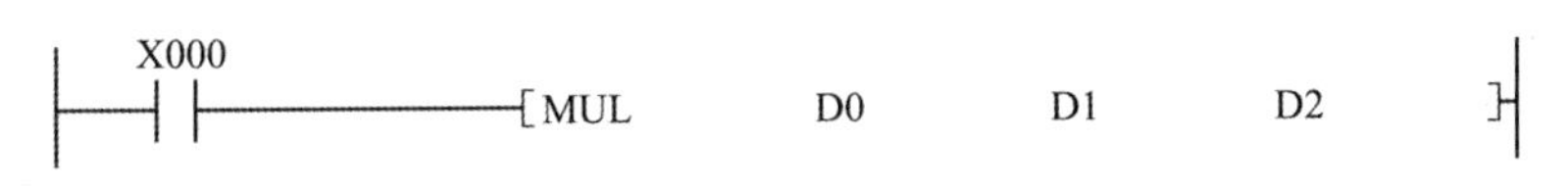

图 4-14　乘法指令用法

使用 MUL 指令应注意以下事项：

① 源操作数【S1】【S2】可以是 K、H、KnX、KnY、KnM、KnS、T、C、D、V、Z，目标操作数可以是 KnY、KnM、KnS、T、C、D。

② 若【S1】【S2】为 32 位二进制数，则结果为 64 位，存放在【D+3】~【D】中。

(4) 除法指令(DIV)

DIV 指令将两个源操作数【S1】【S2】的数值相除，并将商存放在目标操作数【D】中，将余数存放在【D+1】中。如图 4-15 所示，当 X0 接通时，【D0】÷【D1】=【D2】…【D3】。

X000　DIV　D0　D1　D2

图 4-15　除法指令用法

4. 任务实施

(1) 画出I/O接线图

设置SB1为计算总成绩按钮,SB2为计算平均成绩按钮,如图4-16所示。

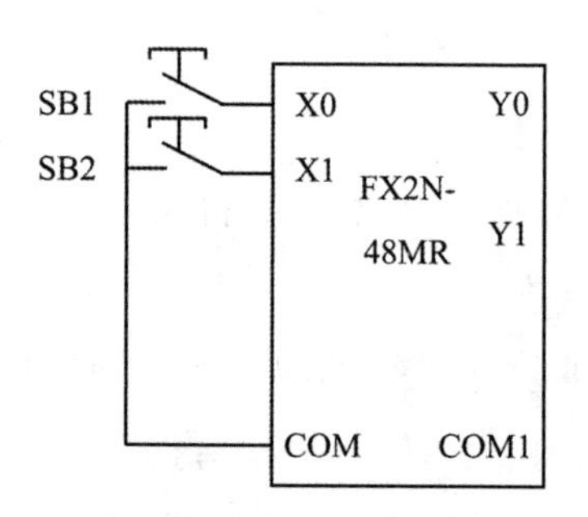

图4-16 成绩统计系统I/O接线图

(2) 编制梯形图程序

首先把各学生的成绩放在寄存器D0~D4中。当按下按钮SB1时,顺序进行如下运算:D0+D1=D10、D10+D2=D11、D11+D3=D12、D12+D4=D13,则D13=D0+D1+D2+D3+D4;当按下按钮SB2时,则D13÷5=D14。如图4-17所示,当执行程序之后,总成绩将被放在D13中,平均成绩将被放在D14中。

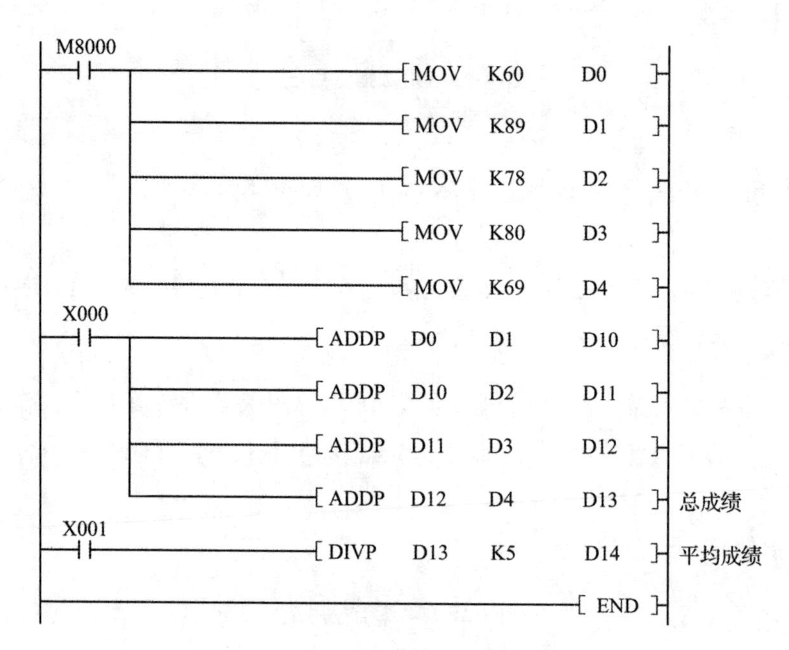

图4-17 成绩统计系统梯形图程序

(3) 程序调试

按照 I/O 接线图安装各设备，输入程序，运行并调试，观察结果。

5. 知识拓展——INC 和 DEC 指令

(1) 加 1 指令 INC

使用 INC 指令时，执行条件每满足一次，目标元件的值加 1。如图 4-18 所示，当 X0 每接通一次，D0 的值加 1。注意：该指令不影响零标志、借位标志和进位标志。

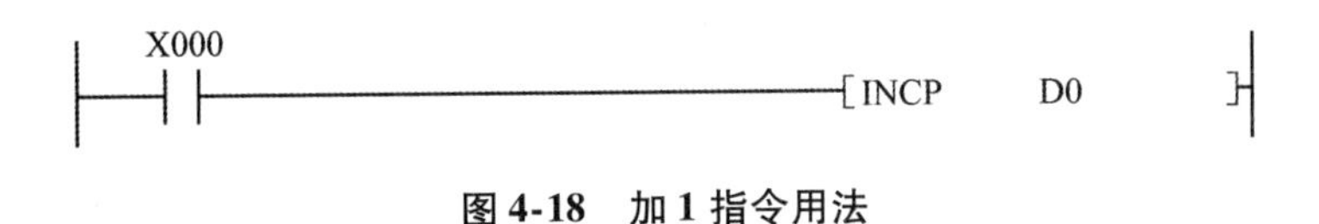

图 4-18　加 1 指令用法

(2) 减 1 指令 DEC

使用 DEC 指令时，执行条件每满足一次，目标元件的值减 1。如图 4-19 所示，当 X0 每接通一次，D0 的值减 1。注意：该指令不影响零标志、借位标志和进位标志。

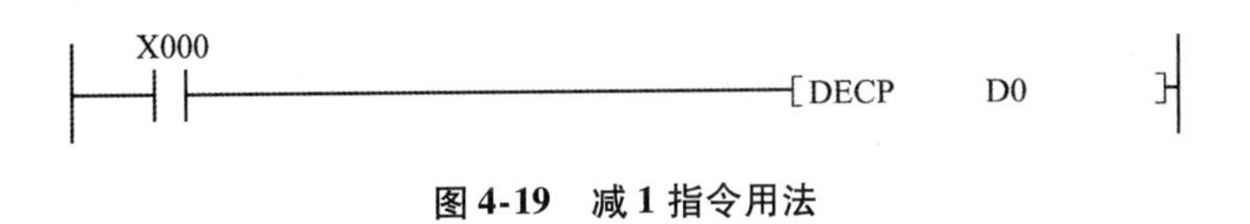

图 4-19　减 1 指令用法

任务三　彩灯闪烁电路控制

1. 任务引入

按下“启动”按钮 SB1，8 个彩灯 L1 ~ L8 每隔 1s 轮流点亮，当 L8 点亮后，停 3s；然后 8 个彩灯反向每隔 1s 轮流点亮，当 L1 点亮后，停 2s，如此往复。当按下“停止”按钮 SB2 后，所有彩灯熄灭。

2. 任务分析

任务要求有 8 个彩灯，因此需要 8 个输出点，无论是采用基本指令还是采用步进指令都将花费较长的时间。本小节介绍的循环移位指令将能够非常方便地解决这个问题。

3. 相关知识——循环移位指令

(1) 循环右移指令(ROR)

循环右移指令将16位或32位数据向右循环移动,如图4-20所示。

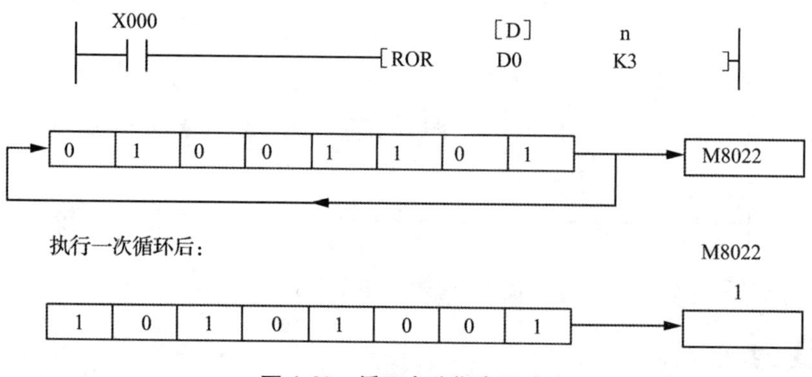

图4-20 循环右移指令用法

当X0接通时,【D】内数据向右移n位,最后一次从最低位移出的数据被存于进位标志M8022中。

使用循环右移指令时应注意以下几点:

①【D】内数据可以是KnY、KnM、KnS、T、C、D、V、Z;每次移位位数n可以用K或H来指定。

②【D】可以为16位或32位数据。若【D】为16位数据,则n应小于16;若【D】为32位数据,则n应小于32,且指令前需加D。

③ 若【D】为位组合元件,则只能为16位或32位的位组合元件,如K4Y0、K8M0等,K2Y0或K3Y0等非16位组合元件均无效。

④ 指令通常使用脉冲执行型,即在指令后加"P",若不加"P",则在每一个扫描周期指令都被执行一次。

(2) 循环左移指令(ROL)

循环左移指令将16位或32位数据向左循环移动,如图4-21所示。

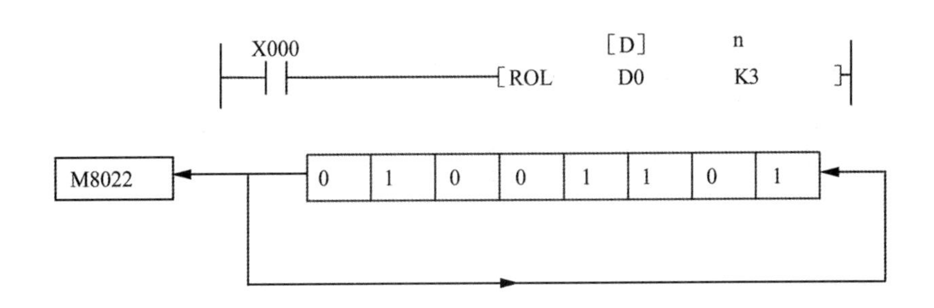

执行一次循环后：

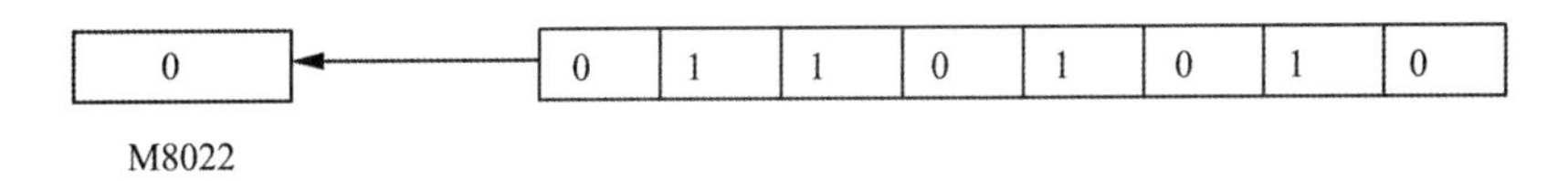

图 4-21　循环左移指令用法

当 X0 接通时,【D】内数据向左移 n 位,最后一次从最低位移出的数据被存于进位标志 M8022 中。

使用循环左移指令时应注意以下几点：

① 【D】内数据可以是 KnY、KnM、KnS、T、C、D、V、Z；每次移位位数 n 可以用 K 或 H 来指定。

② 【D】可以为 16 位或 32 位数据。若【D】为 16 位数据,则 n 应小于 16；若【D】为 32 位数据,则 n 应小于 32,且指令前需加 D。

③ 若【D】为位组合元件,则只能为 16 位或 32 位的位组合元件,如 K4Y0、K8M0 等,K2Y0 或 K3Y0 等非 16 位组合元件均无效。

④ 指令通常使用脉冲执行型,即在指令后加“P”；若不加“P”,则在每一个扫描周期指令都被执行一次。

(3) **位右移指令**(SFTR)

位右移指令把 n1 位【D】所指定的位元件和 n2 位【S】所指定的位元件的位进行右移。如图 4-22 所示,当 X0 接通时,M0 内数据溢出,M1→M0,M2→M1,M3→M2,M4→M3,M5→M4,M6→M5,M7→M6,M8→M7,M9→M8,M100→M9。X0 每接通一次,数据就右移一次。

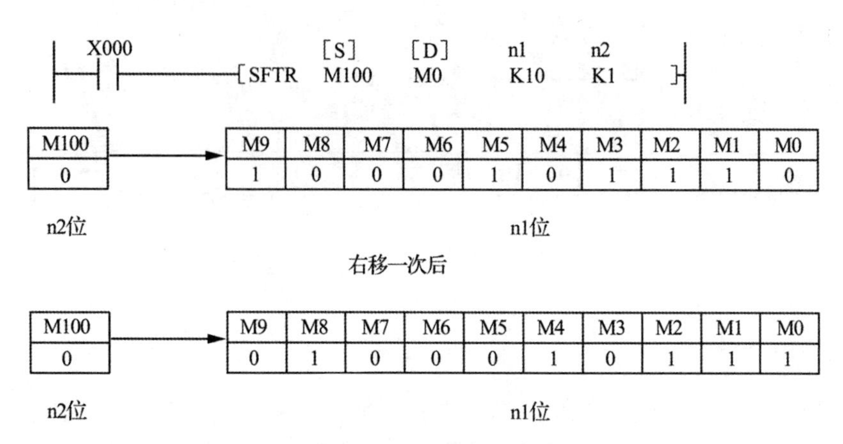

图 4-22 位右移指令用法

使用位右移指令时应注意以下几点：

①【D】为移位数据位的起始位，n1 指定位元件的长度，n2 指定移位位数(n2 < n1)。

②【S】内数据可以为 X、Y、M、S；【D】内数据可以为 Y、M、S；n1、n2 可以用 K、H 来指定。

③ SFTR 指令通常采用脉冲执行型，即在指令后加“P”。

(4) 位左移指令(SFTL)

位左移指令是把 n1 位【D】所指定的位元件和 n2 位【S】所指定的位元件的位进行左移的指令。如图 4-23 所示，当 X0 接通时，M9 内数据溢出，M8→M9，M7→M8，M6→M7，M5→M6，M4→M5，M3→M4，M2→M3，M1→M2，M0→M1，M100→M0。X0 每接通一次，数据就左移一次。

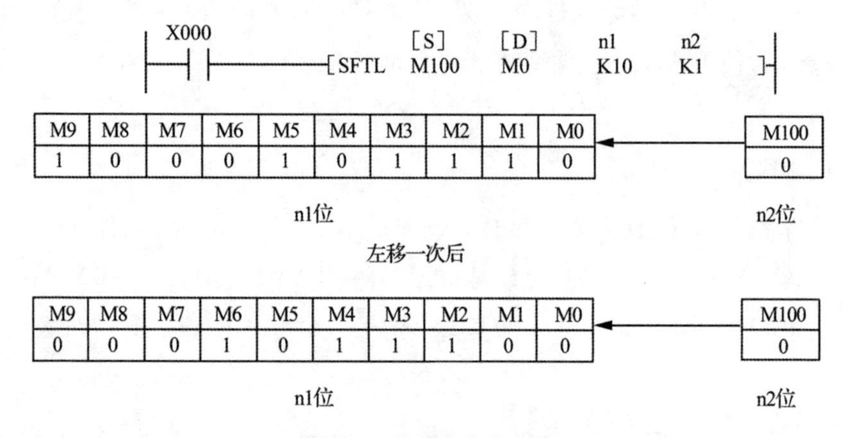

图 4-23 位左移指令用法

使用位左移指令时应注意以下几点：

①【D】为移位数据位的起始位，n1 指定位元件的长度，n2 指定移位位数(n2 < n1)。

②【S】内数据可以为 X、Y、M、S；【D】内数据可以为 Y、M、S；n1、n2 可以用 K、H 来指定。

③ SFTL 指令通常采用脉冲执行型,即在指令后加“P”。

4. 任务实施

(1) I/O 接线图

根据任务要求,I/O 接线图如图 4-24 所示,8 个彩灯并联连接,供电电压为直流 24V。

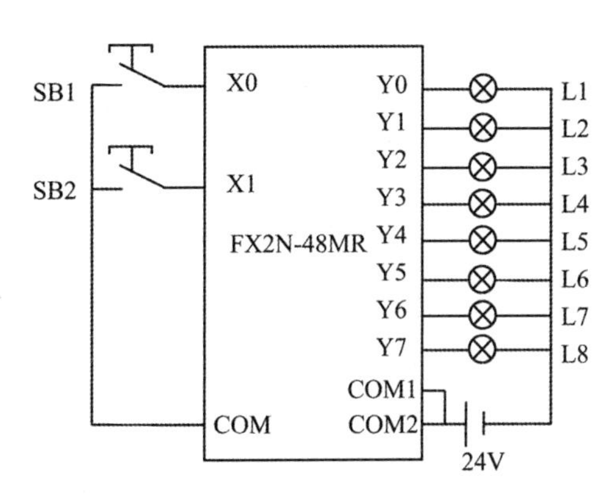

图 4-24 彩灯 I/O 接线图

(2) 编制梯形图程序

由于需轮流顺序点亮彩灯,因此我们可采用循环移位指令 ROR、ROL。又由于每隔一秒点亮彩灯,因此可以采用特殊辅助继电器 M8013 实现计时功能。梯形图程序如图 4-25 所示。

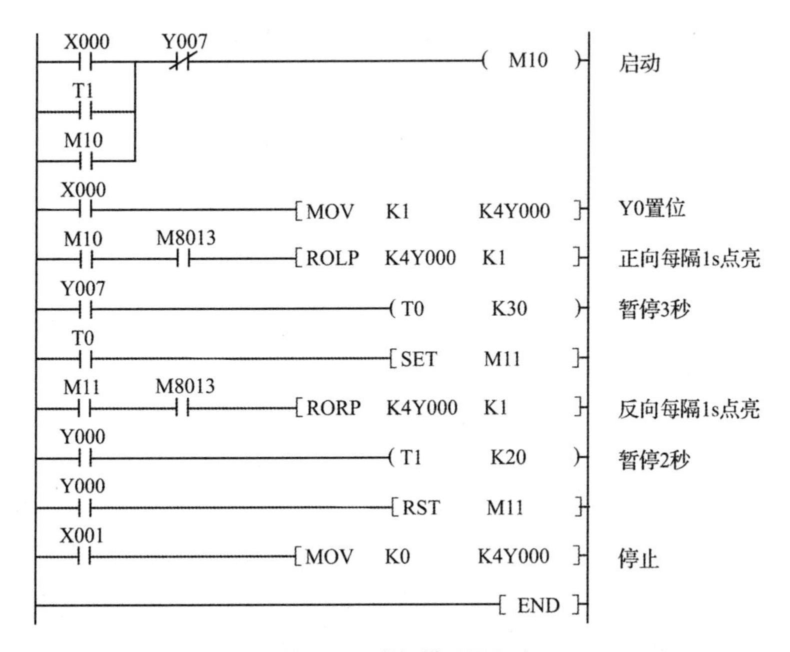

图 4-25 彩灯梯形图程序

(3) 程序调试

按照彩灯 I/O 接线图安装各设备，输入程序，运行并调试，观察结果。

5. 知识拓展——变址寄存器

拓展任务：要求彩灯正向顺序点亮至全亮（即下一个彩灯点亮时，上一个彩灯保持点亮状态），反向顺序熄灭至全灭，其余要求参照任务三。此时我们可采用 INC、DEC 及变址寄存器来实现该功能。参考程序如图 4-26 所示。

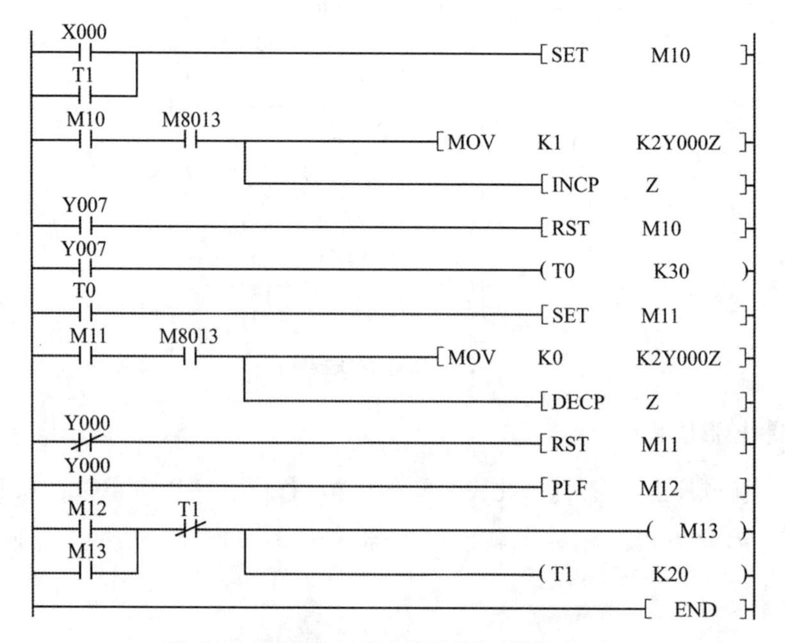

图 4-26 采用变址寄存器的彩灯梯形图程序

任务四 计件包装系统控制

1. 任务引入

如图 4-27 所示，为了实时获取工件数量信息，包装运送带旁装有光电传感器，以检测工件数量。每通过一个工件，光电传感器计件一次，并把数量信息显示在数码管上。

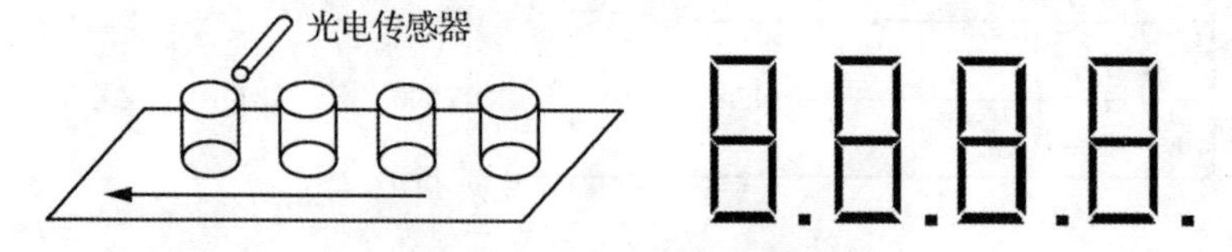

图 4-27 包装运送带示意图

2. 任务分析

根据任务要求，每次经过一个工件，数量加 1，因此我们可采用 INC 指令。要显示数字，只需利用七段译码指令 SEGD，将采集的数字直接显示在数码管上即可。

3. 相关知识——BCD 指令、BIN 指令、七段译码(SEGD)指令

(1) BCD 指令

BCD 指令用于将源操作数中的二进制数据转换成 BCD 码，送到目标操作数中，常用于将 PLC 中的二进制数据转换成 BCD 码以驱动 LED 显示器，如图 4-28 所示。

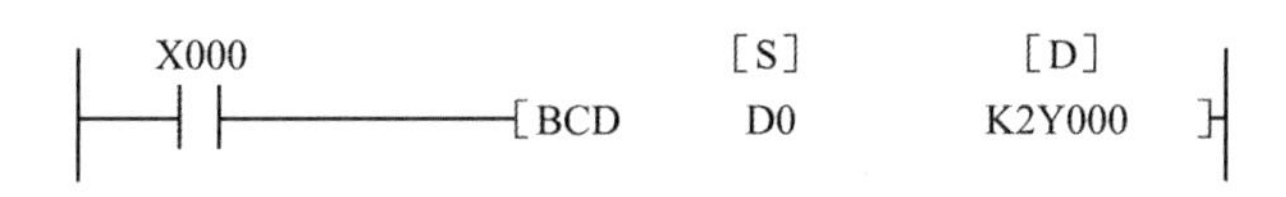

图 4-28　BCD 变换指令用法

当 X0 接通时，BCD 指令将 D0 中的二进制数据转换成 BCD 码，传送给 K2Y0。例如，若 D0 = K16，则执行后 Y7 = 0，Y6 = 0，Y5 = 0，Y4 = 1，Y3 = 0，Y2 = 1，Y1 = 1，Y0 = 0。如果指令进行 16 位操作时，执行结果超过 0 ~ 9999 将出错；进行 32 位操作时，执行结果超出 0 ~ 99999999 将出错。

使用 BCD 指令时应注意以下几点：

①【S】可以是 KnX、KnY、KnM、KnS、D、C、V、Z、T，【D】可以是 KnY、KnM、KnS、D、C、V、Z、T。

② 16 位运算占 5 个程序步，32 位运算占 9 个程序步。

(2) BIN 指令

BIN 指令将源操作数中的 BCD 数据转换成二进制数据，传送到目标操作数中，如图 4-29 所示。

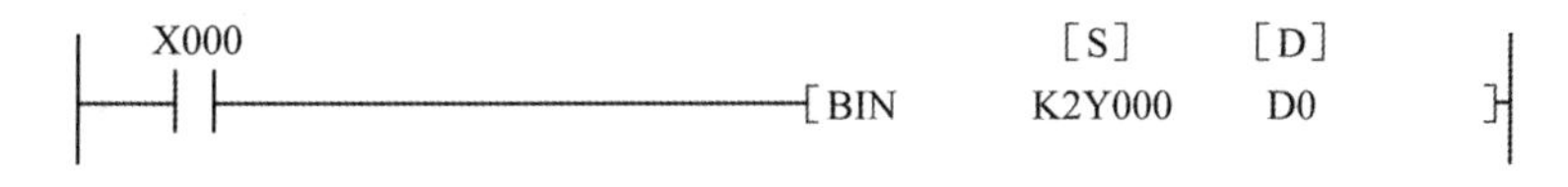

图 4-29　BIN 变换指令用法

当 X0 接通时，BIN 指令将 K2X0 中的 BCD 码转换成二进制数据，传送给 D0。例如，若 X7 = 0，X6 = 0，X5 = 1，X4 = 0，X3 = 0，X2 = 1，X1 = 0，X0 = 1，则执行后 D0 = K25。

使用 BIN 指令时应注意以下几点：

①【S】可以是 KnX、KnY、KnM、KnS、D、C、V、Z、T，【D】可以是 KnY、KnM、KnS、D、C、

V、Z、T。

② 16位运算占5个程序步,32位运算占9个程序步。

③ 常数K不能作为本指令的操作元件,因为在进行任何处理之前,它都将被转换成二进制数据。

(3) SEGD指令

SEGD指令将源操作数【S】的低4位确定的16进制数译码后送至七段显示器。译码信号被存于目标操作数【D】中,【D】的高8位不变,如图4-30所示。

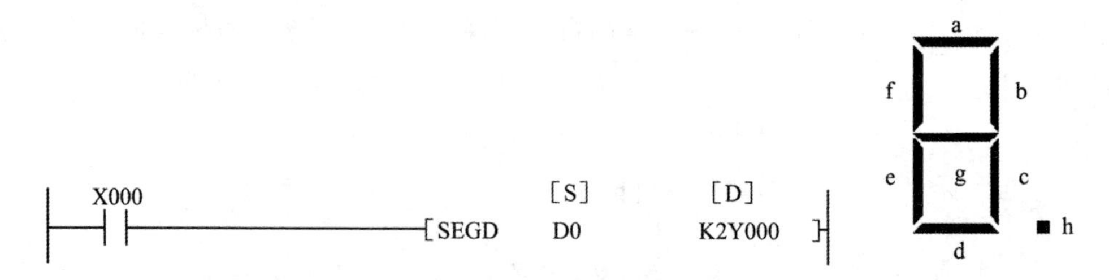

图4-30 七段译码指令用法

当X0接通时,SEGD指令将D0中的数据译码,从Y0 ~ Y7中显示。其中Y0 ~ Y7分别接数码管的a ~ h段。

源操作数【S】可以是K、H、KnX、KnY、KnM、KnS、V、C、D、T、Z,目标操作数【D】可以是KnY、KnM、KnS、V、C、D、T、Z。

4. 任务实施

(1) I/O分配表

计件包装系统I/O分配表如表4-3所示。

表4-3 计件包装系统I/O分配表

I		O	
"启动"按钮	X0	个位数七段码显示灯	Y0 ~ Y7
光电传感器	X1	十位数七段码显示灯	Y10 ~ Y17
"停止"按钮	X2	百位数七段码显示灯	Y20 ~ Y27
		千位数七段码显示灯	Y30 ~ Y37

(2) 编制梯形图程序

工件计件采用加1指令,计的总个数被存入D0。然后采用BCD变换指令将工件总个数分解为"个位""十位""百位""千位",再使用七段译码指令,分别在个位数指示灯、十位数指示灯、百位数指示灯、千位数指示灯上显示出来,如图4-31所示。

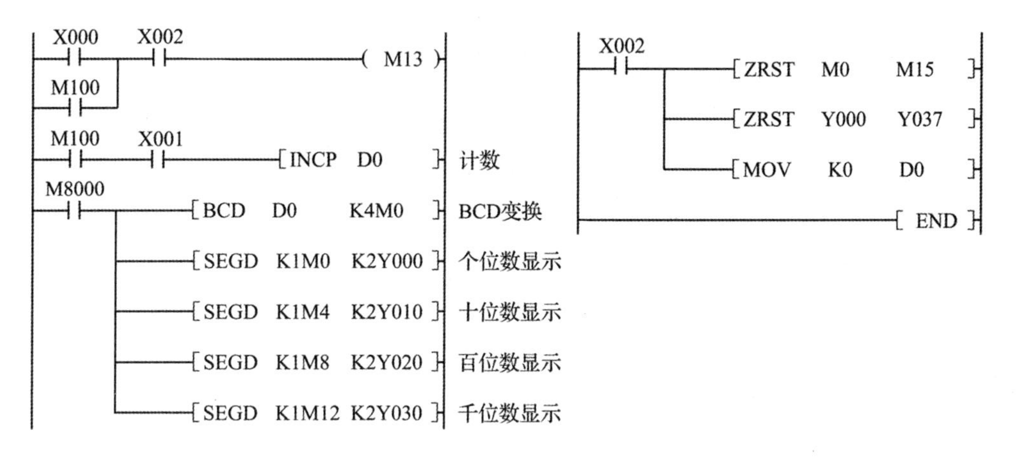

图4-31 工件计件系统梯形图程序

(3) **程序调试**

按照I/O分配表安装各设备,输入程序,运行并调试,观察结果。

5. 知识拓展

SEGD指令属于PLC外部I/O设备指令。单条SEGD指令一次可驱动一个七段码显示器。对于晶体管输出的PLC,还有一条类似指令SEGL,为带锁存的七段码显示指令。其使用格式为:SEGL【S】【D】n。其中,n用来指定用12个扫描周期显示1组还是2组4位数据。若n=0~3,则显示1组,此时占用8个晶体管输出点;若n=4~7,则显示2组,此时占用12个晶体管输出点。

任务五 运输带的点动与连续混合控制

1. 任务引入

如图4-32所示,运输带由电机M带动。切换“手/自”开关至“手动”挡,按下“开始”按钮,运输带则执行点动运行模式;切换“手/自”开关至“自动”挡,按下“开始”按钮,运输带则执行连续运行模式。

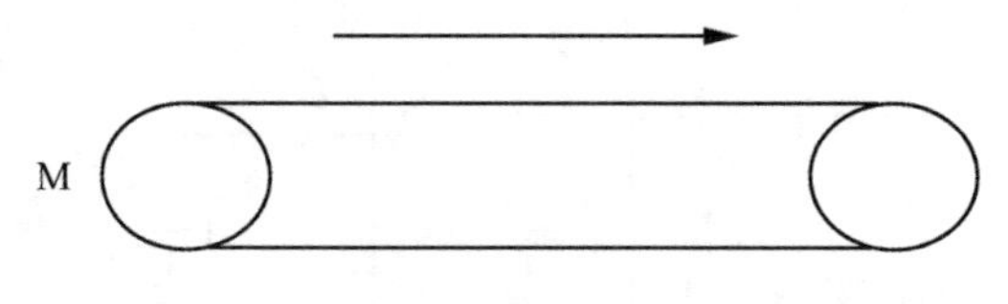

图4-32 运送带示意图

2. 任务分析

根据任务要求,运输带需要在两种运行模式之间进行切换。每种模式可以被看作是一个小的子程序,当需要运行某个模式的时候,调用相应的程序即可。

3. 相关知识——程序流控制指令

(1) 跳转指令(CJ)

当跳转条件满足时,PLC不再扫描执行CJ指令和指针P之间的程序,而是跳到指针P所指的程序段中执行。当跳转条件不再满足时,跳转结束。使用跳转指令时应注意以下几点:

① 跳转指令具有选择程序段的功能。在同一程序中,位于不同程序段的程序不会被同时执行,所以在不同程序段的同一线圈不能被视为双线圈。

② 多条跳转指令可以使用同一指针,但不允许一个跳转指令使用多个指针。

③ 指针一般放在跳转指令之后,也可以放在跳转指令之前,但若程序的执行时间超出了警戒时钟设定值,则程序会出错。

④ 使用M8000作为跳转条件时,跳转就会变成无条件跳转。

如图4-33所示,当X11由OFF变为ON时,程序从第4步跳转到第12步(P0所指的程序步),这样就减少了扫描工作时间,提高了工作效率。

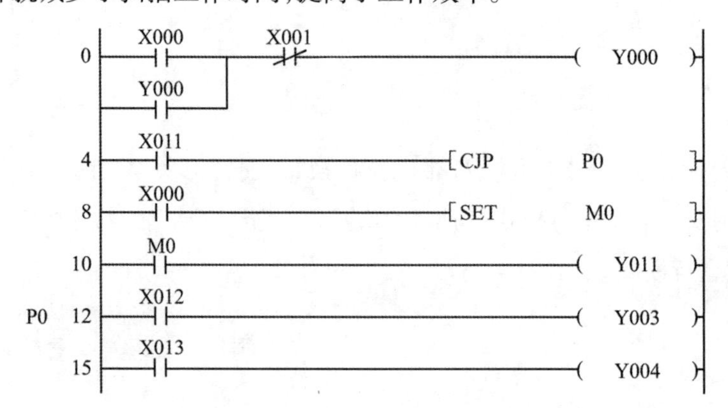

图4-33 跳转指令用法

图 4-34 所示为无条件跳转,因为当 PLC 运行时,M8000 始终接通。

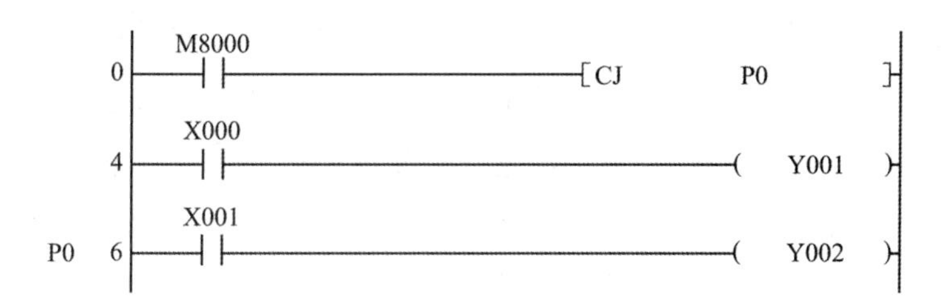

图 4-34　无条件跳转指令用法

(2) **主程序结束指令**(FEND)

FEND 为主程序结束指令,其用法与 END 一致。

(3) **子程序调用指令**(CALL)

子程序是为一些特定的控制目的而编制的相对独立的程序。为了和主程序相区别,在编程时我们将主程序写在前面,用 FENG 作为主程序结束指令;将子程序写在 FEND 后面,有多个子程序时,将子程序依次列在 FEND 之后。

(4) **子程序返回指令**(SRET)

子程序的范围介于它的指针和 SRET 指令之间。每当程序执行到子程序调用指令 CALL 时,PLC 都会去执行相应的子程序,当遇到 SRET 指令时,则返回原断点,继续执行原程序。

如图 4-35 所示,当 X1 接通时,CALL 指令调用指针 P0 和 SRET 之间的子程序。

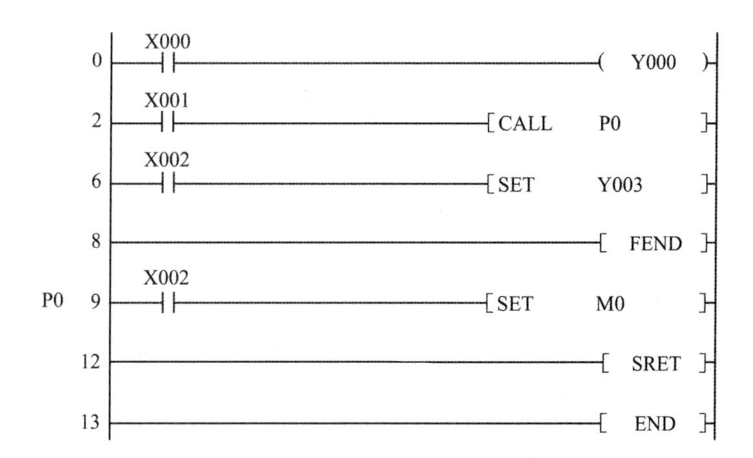

图 4-35　跳转指令及子程序返回指令用法

(5) **循环指令(FOR、NEXT)**

循环指令由FOR和NEXT这两条指令构成。这两条指令总是成对出现。在FOR、NEXT之间的程序被重复执行n次(由操作元件指定)。在某些需要反复进行的场合,使用循环程序可以简化程序。例如,对数据进行n次的加权运算,控制输出点按照一定的规律做n次的输出动作等。

如图4-36所示,该程序的循环内容为数据存储器D0减1,它一共执行了3次。

图4-36 循环指令的使用

(6) **中断**

① 中断指针I。

中断指针I用来指明某一中断程序的入口指针,当执行到IRET(中断返回)指令时PLC返回主程序。中断指令应放在FEND之后使用。

外部输入中断从外部输入点进入,用于突发随机事件引起的中断。图4-37所示为外部输入中断指针编号的含义。输入中断指针为I□0□。最高位与X0~X5的元件号相对应,即输入号分别是0~5(从X0~X5输入)。最低位为中断信号的形式,为0时表示下降沿中断,为1时表示上升沿中断。例如,I100表示在X1信号的下降沿执行中断程序。

② 中断返回IRET。

当执行到中断子程序的IRET指令时,PLC返回原断点,继续执行原来的程序。

③ 允许中断EI、禁止中断DI。

PLC通常处于禁止中断状态,在指令EI和DI之间的程序段为允许中断区间。当程序执行到该区间时,若中断产生,则PLC会停止执行当前的程序,转去执行相应的中断子程序,如图4-38所示。

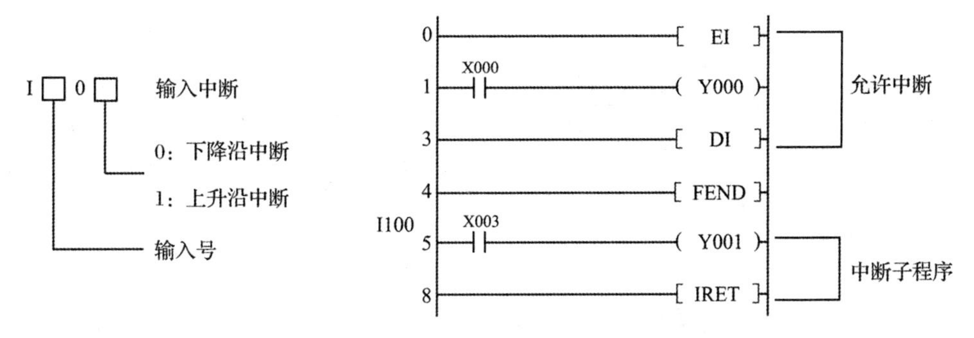

图 4-37　中断指针编号的含义　　图 4-38　允许中断区间及中断子程序

4. 任务实施

(1) I/O 接线图

I/O 接线图如图 4-39 所示，其中 SB1 为“启动”按钮，SB2 为“停止”按钮，QS 为“手/自”转换开关，电机交流接触器为 KM。

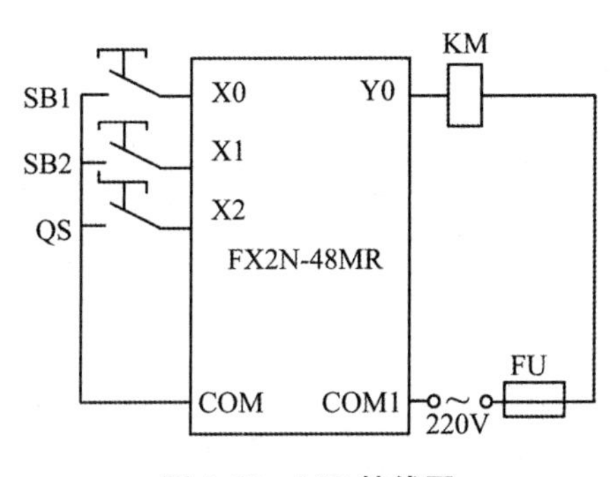

图 4-39　I/O 接线图

(2) 编制梯形图程序

梯形图程序如图 4-40 所示。

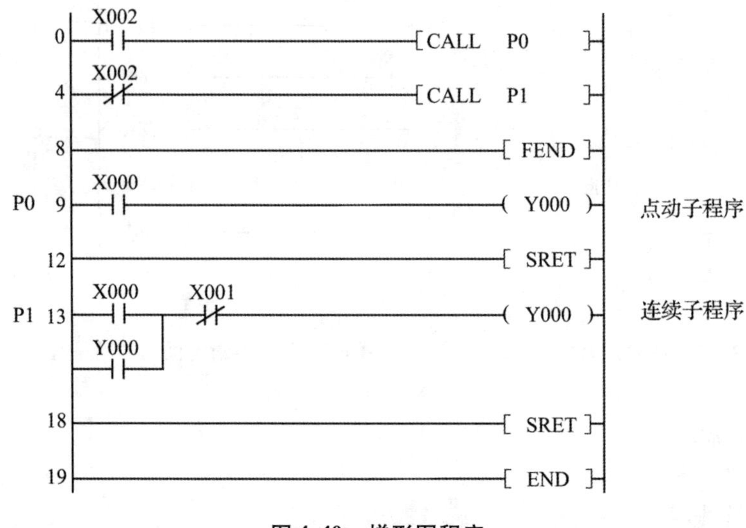

图4-40 梯形图程序

(3) **程序调试**

按照I/O接线图安装各设备,输入程序,运行并调试,观察结果。

任务六 材料分拣机构控制

1. 任务引入

如图4-41所示,材料分拣机构用于将不同颜色、不同材质的工件分拣到指定工件库中。系统运行之后,把放置在工件库中的工件自动推送到传送带上,由传送带把不同的工件运送到相应的元件库中,然后进行推出下一个工件的操作。

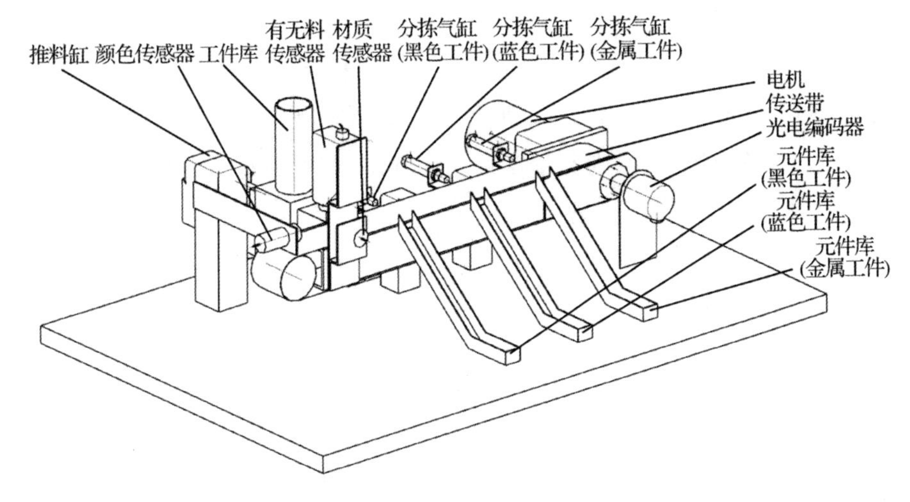

图 4-41 材料分拣机构

材料分拣机构组成及功能如下:

① 工件库:放置黑色塑料件、蓝色塑料件、银色金属件。

② 光电传感器 1:用于检测传送带上有无工件。

③ 光电传感器 2:用于检测工件颜色。

④ 电感式传感器:用于检测工件材质。

⑤ 磁性开关 1:检测推料气缸是否伸出到位。

⑥ 磁性开关 2:检测推料气缸是否缩回到位。

⑦ 磁性开关 3:检测分拣气缸 1 是否伸出到位。

⑧ 磁性开关 4:检测分拣气缸 2 是否伸出到位。

⑨ 磁性开关 5:检测分拣气缸 3 是否伸出到位。

⑩ 传送带:用于带动工件。

⑪ 三相异步电动机。

⑫ 光电编码器:用于检测工件位移。

⑬ 元件库:用于放置工件。

⑭ 推料气缸。

⑮分拣气缸 1。

⑯ 分拣气缸 2。

⑰ 分拣气缸 3。

⑱ 电磁阀组。

⑲ PLC 主机:选用三菱 FX3U—48MR。

2. 任务分析

系统工作过程分析:按下“启动”按钮,系统完成下列顺序动作:①推料气缸伸出。②推料气缸缩回。③若检测无料,则回到系统初始状态;若检测有料,则执行下一动作。④延时 0.5s,进行颜色及材质判别。⑤启动电机,根据工件的颜色及材质将工件送至相应的分拣位置。⑥工件到达分拣位置后,分拣气缸伸出,将工件分拣至物料槽。

3. 相关知识

(1) 变频器及其相关参数

变频器(Variable-frequency Drive,VFD)是应用变频技术与微电子技术,通过改变电机工作电源频率方式来控制交流电动机的电力控制设备。变频器主要由整流(交流变直流)、滤波、逆变(直流变交流)、制动单元、驱动单元、检测单元、微处理单元等组成。变频器靠内部 IGBT 的开断来调整输出电源的电压和频率,根据电机的实际需要来提供其所需要的电源电压,进而达到节能、调速的目的。另外,变频器还有很多保护功能,如过流、过压、过载保护等等。随着工业自动化程度的不断提高,变频器也得到了非常广泛的应用。

本书以三菱 D740 变频器为例。变频器结构、端子分布、操作面板及参数变更操作分别如图 4-42、图 4-43、图 4-44、图 4-45 所示。变频器参数设置如表 4-4 所示,七段速调节方法如图 4-46 所示。

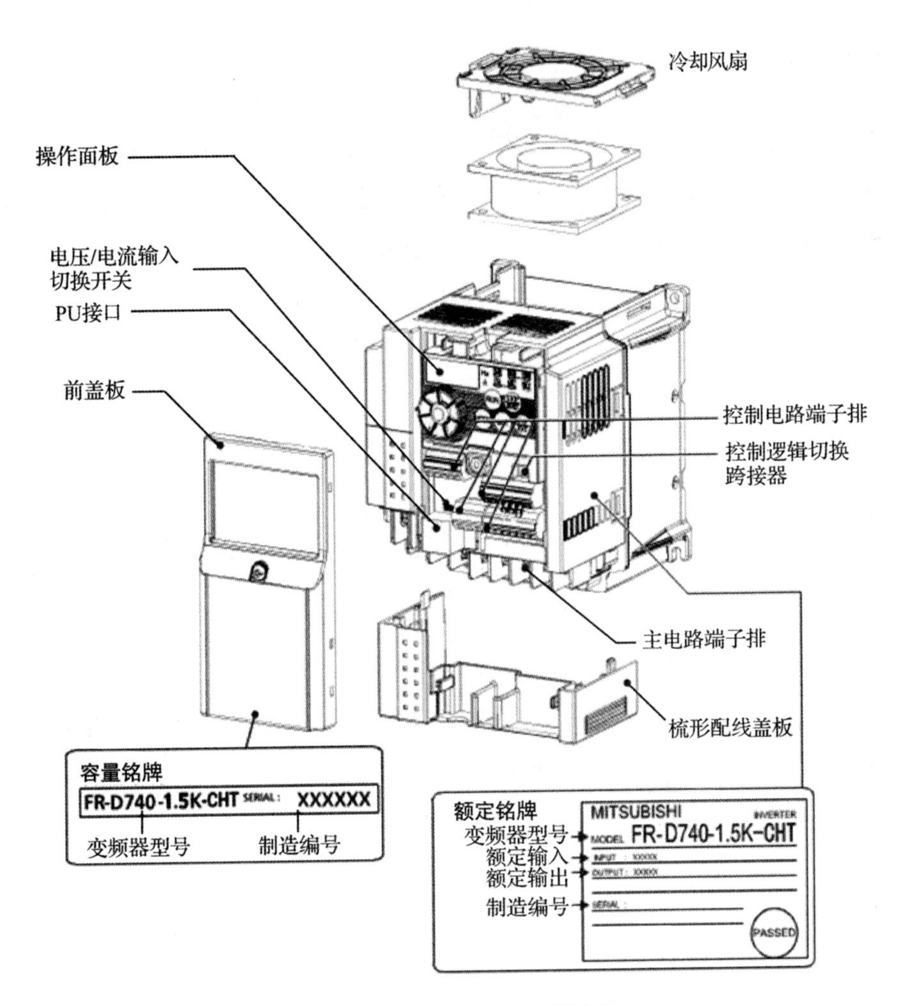

图 4-42　三菱 D740 变频器结构

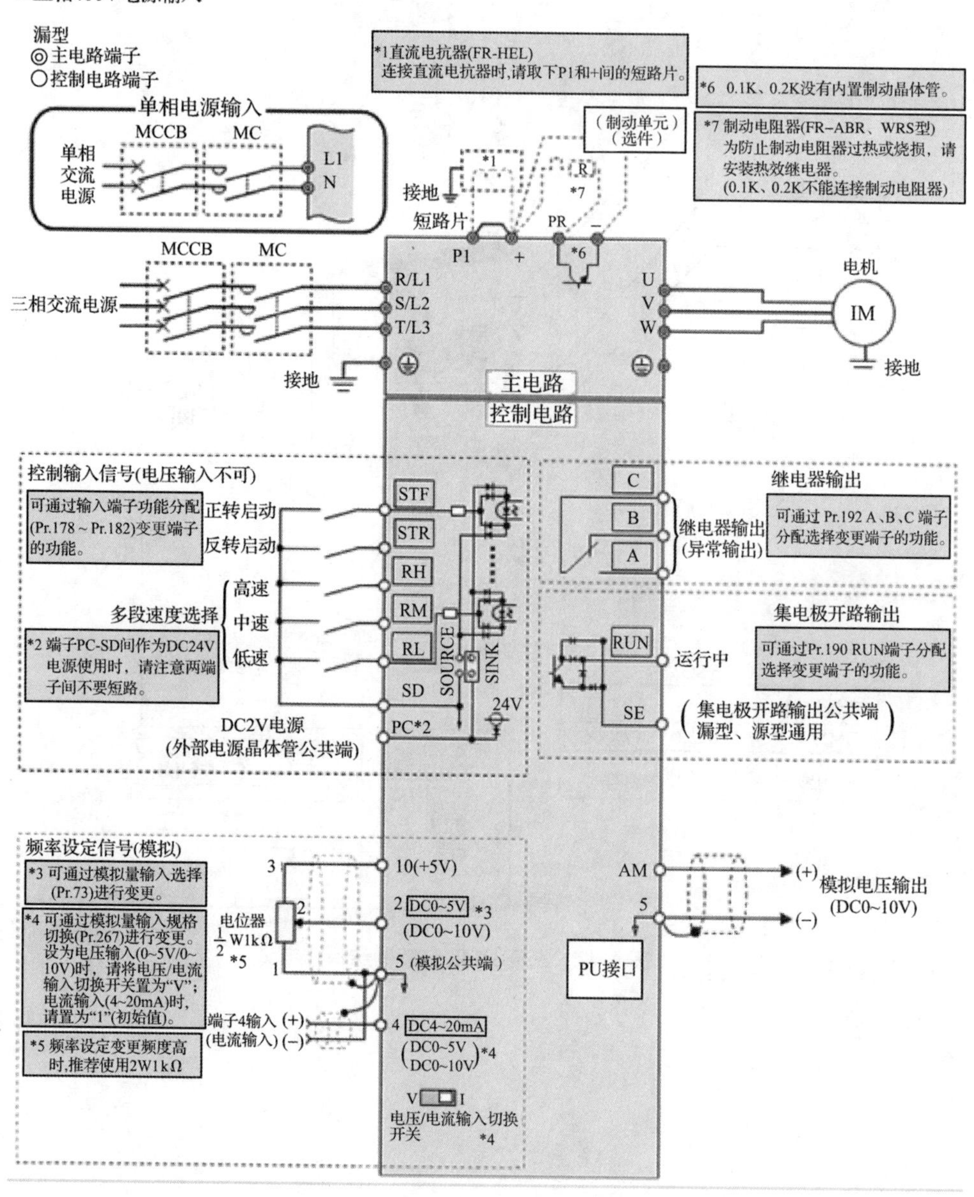

图 4-43 三菱 D740 变频器端子分布

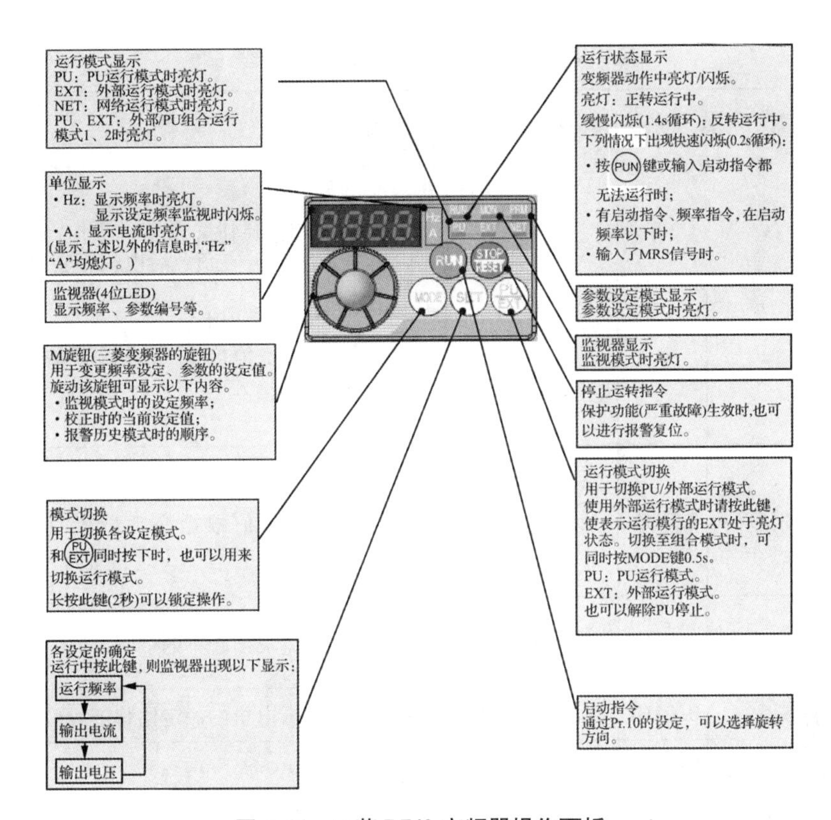

图 4-44 三菱 D740 变频器操作面板

变更参数的设定值

变更例 变更Pr.1上限频率。

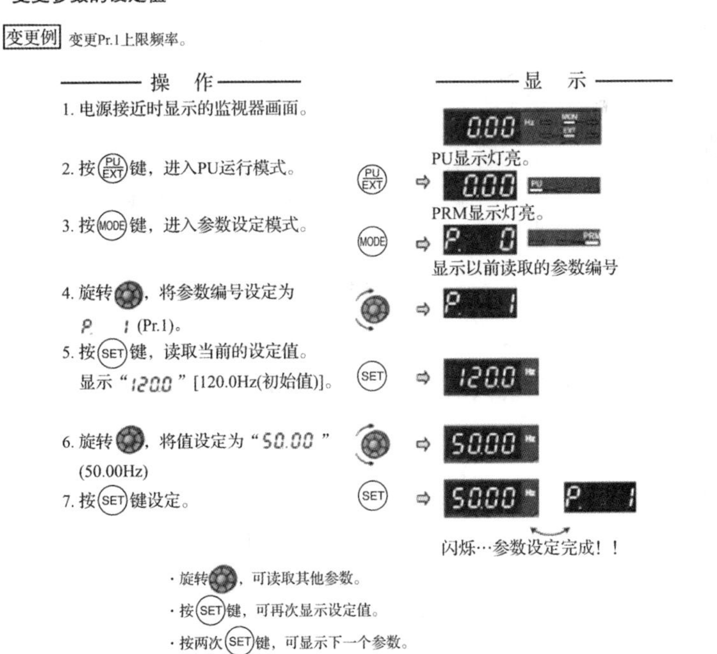

图 4-45 三菱 D740 变频器参数变更

表 4-4　三菱 D740 变频器简单参数一览表

参数编号	名称	单位	初始值	范围	用途	参照
0	转矩提升	0.1%	6/4/3/2% *	0 ~ 30%	V/F 控制时，想进一步提高启动时的转矩，在负载后电机不转，输出报警(OL)信号，在(OC1)发生跳闸的情况下使用。 * 初始值因变频器的容量不同而不同。	49
1	上限频率	0.01Hz	120Hz/60Hz *	0 ~ 120Hz	设置输出频率的上限。 * 初始值根据变频器容量不同而不同。	50
2	下限频率	0.01Hz	0Hz	0 ~ 120Hz	设置输出频率的下限。	
3	基底频率	0.01Hz	50Hz	0 ~ 400Hz	可看电机的额定铭牌进行确认。	48
4	3 速设定(高速)	0.01Hz	50Hz	0 ~ 400Hz	设定运转速度。	76
5	3 速设定(高速)	0.01Hz	30Hz	0 ~ 400Hz		
6	3 速设定(低速)	0.01Hz	10Hz	0 ~ 400Hz		
7	加速时间	0.1s	5s/10s/15s *	0 ~ 3600s	设定加减速时间。 * 初始值根据变频器的容量不同而不同。	
8	减速时间	0.1s	5s/10s/15s *	0 ~ 3600s		
9	电子过电流保护器	0.01/0.1A *	变频器额定输出电流	0 ~ 500 0 ~ 3600 A *	用变频器对电机进行热保护。 设定电机的额定电流。 * 单位、范围根据变频器容量不同而不同。	48
79	运行模式选择	1	0	0,1,2,3,4,6,7	选择启动指令场所和频率设定场所。	52
125	端子 2 频率设定增益频率	0.01Hz	50Hz	0 ~ 400Hz	端子 2 输入增益(最大)的频率。	79
126	端子 4 频率设定增益频率	0.01Hz	50Hz	0 ~ 400Hz	端子 4 输入增益(最大)的频率。	81
160	用户参数组读取选择	1	0	0,1,9999	可以限制通过操作面板或参数单元读取的参数。	–

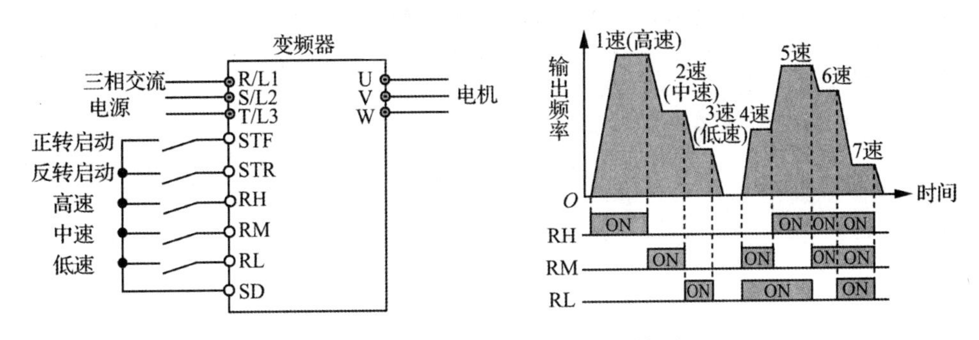

图 4-46 三菱 D740 变频器七段速控制图

(2) 旋转编码器及相关用法

旋转编码器是一种光电式旋转测量装置,它将被测的角位移直接转换成数字信号(高速脉冲信号)。因此,可将旋转编码器的输出脉冲信号直接输入给 PLC,利用 PLC 的高速计数器对其脉冲信号进行计数,以获得测量结果。不同型号的旋转编码器,其输出脉冲的相数也不同,有的旋转编码器输出 A、B、Z 三相脉冲,有的旋转编码器输出 A、B 两相,有的旋转编码器只输出 A 相。

输出两相脉冲的旋转编码器有 4 条引线,其中 2 条是脉冲输出线,1 条是 COM 端线,1 条是电源线。编码器的电源可以是外接电源,也可直接使用 PLC 的 DC24V 电源。电源"－"端要与编码器的 COM 端连接,"＋"与编码器的电源端连接。编码器的 COM 端与 PLC 输入 COM 端连接,A、B 两相脉冲输出线直接与 PLC 的输入端连接,连接时要注意 PLC 输入的响应时间。有的旋转编码器还有一条屏蔽线,使用时屏蔽线要接地。

选择编码器时我们需要特别注意:一是机械安装尺寸,包括定位止口、轴径、安装孔位、电缆出线方式、安装空间体积、工作环境防护等级;二是分辨率,即编码器工作时每圈输出的脉冲数。编码器的输出频率不要超过 PLC 的允许范围。

若电机转速为 1500 转/分钟,编码器分辨率为 1000 脉冲/转,则脉冲编码器输出频率为

$$f = (1000 \times 1500) / 60\text{kHz} = 25\text{kHz}$$

编码器对应的高速计数器的输入可以分为

① 脉冲加方向。

② 加/减脉冲。

③ A、B 两相 90°相位差脉冲。

当采用"A、B 两相 90°相位差脉冲"时可采用"1 倍频计数"或"4 倍频计数"两种方法。计数方向取决于输入脉冲的相位差:A 相超前 B 相 90°时为"加计数",B 相超前 A 相 90°时为"减计数"。1 倍频计数:加计数时输入的高频信号只采集 A 相的上升沿,减计数

时输入的高频信号只采集 A 相的下降沿。4 倍频计数:计数时输入的高频信号采集 A 相的上升沿、A 相的下降沿、B 相的上升沿、B 相的下降沿。

(3) 高速计数器及相关用法

① 高速计数器概述。

21 点高速计数器 C235 ~ C255 共用 PLC 的 8 个高速计数器输入端 X0 ~ X7。一个输入端同时只能供一个高速计数器使用。这 21 个计数器均为 32 位加/减计数器。不同类型的高速计数器可以同时使用,但是它们的高速计数器输入点不能冲突。

高速计数器的运行建立在中断的基础上,这意味着事件的触发与扫描时间无关。在对外部高速脉冲计数时,梯形图中高速计数器的线圈应一直通电,以表示与它有关的输入点已被使用,其他高速计数器的处理不能与它冲突。可用运行时一直为 ON 的 M8000 的常开触点来驱动高速计数器的线圈。

例如,在图 4-47 中,当 X14 为 ON 时,高速计数器 C235 被选中。C235 的计数输入端是 X0,但是它并不在程序中出现,计数信号不是由 X14 提供的。

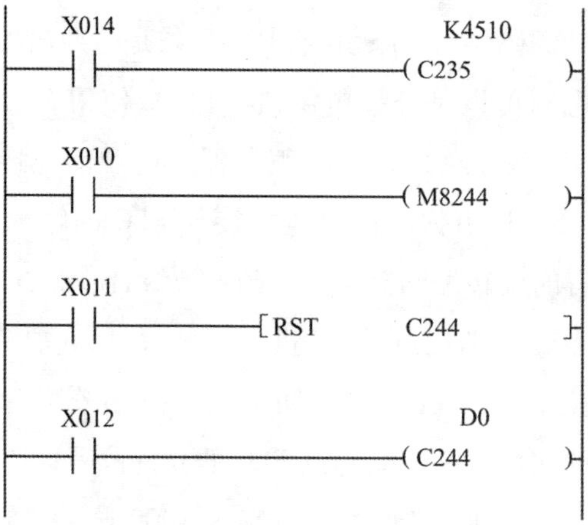

```
X014                         K4510
──┤ ├────────────────────( C235      )─
X010
──┤ ├────────────────────( M8244     )─
X011
──┤ ├──────────[RST        C244      ]─
X012                         D0
──┤ ├────────────────────( C244      )─
```

图 4-47 高速计数器用法

表 4-5 给出了各高速计数器对应的输入端子的元件号,表中的 U、D 分别为加、减计数输入,A、B 分别为 A、B 相输入,R 为复位输入,S 为置位输入。

表 4-5 高速计数器端子分布

中断	无启动复位的一相计数器						指数启动复位的一相计数器					两相双间计数器					A-B 相计数器				
输入	C235	C236	C237	C238	C239	C240	C241	C242	C243	C244	C245	C246	C247	C248	C249	C250	C251	C252	C253	C254	C255
X0	U/D						U/D			U/D		U	U		U		A	A		A	
X1		U/D					R			R		D	D		D		B	B		B	
X2			U/D					U/D			U/D		R		R			R		R	
X3				U/D				R			R			U		U			A		A
X4					U/D				U/D					D		D			B		B
X5						U/D			R					R		R			R		R
X6										S					S					S	
X7											S					S					S

② 一相高速计数器。

C235～C240 为一相无启动/复位输入端的高速计数器，C241～C245 为一相带启动/复位端的高速计数器。可用 M8235～M8245 来设置 C235～C2415 的计数方向，M 为 ON 时计数器减计数，M 为 OFF 时计数器加计数。C235～C240 只能用 RST 指令来复位。

图 4-47 中的 C244 是一相带启动/复位端的高速计数器，由表 4-5 可知，X1 和 X6 分别为复位输入端和启动输入端，它们的复位和启动与扫描工作方式无关，其作用是立即的和直接的。如果 X12 为 ON，一旦 X6 变为 ON，C244 立即开始计数，计数输入端为 X0。若 X6 变为 OFF，C244 立即停止计数。C244 的设定值由 D0 和 D1 指定。除了用 X1 来立即复位外，也可以在梯形图中用复位指令复位。

③ 两相双向计数器。

两相双向计数器（C246～C250）有一个加计数输入端和一个减计数输入端。例如，C246 的加、减计数输入端分别是 X0 和 X1，在计数器的线圈通电时，在 X0 的上升沿，计数器的当前值加 1，在 X1 的上升沿，计数器的当前值减 1。某些计数器还有复位和启动输入端。

④ A/B 相型双计数输入高速计数器。

C251～C255 为 A/B 相型双计数输入高速计数器。它们有两个计数输入端，某些计数器还有复位和启动输入端。

当图 4-48（a）中的 X12 为 ON 时，C251 通过中断，对 X0 输入的 A 相信号和 X1 输入的 B 相信号的动作计数。当 X11 为 ON 时，C251 被复位。当计数值大于等于设定值时，Y2 的线圈通电。当计数值小于设定值时，Y2 的线圈断电。

A/B 相输入不仅提供计数信号，根据它们的相对相位关系，还提供了计数的方向。利用旋转轴上安装的 A/B 相型编码器，在机械正转时自动进行加计数，反转时自动进行减计数。当A相输入为ON时,若B相输入由OFF变为ON,计数器加计数[图4-48(b)];当A相为ON时,若B相由ON变为OFF,计数器减计数[图4-48(c)]。M8251可监视C251的加/减计数状态,加计数时M8251为OFF,减计数时M8251为ON。

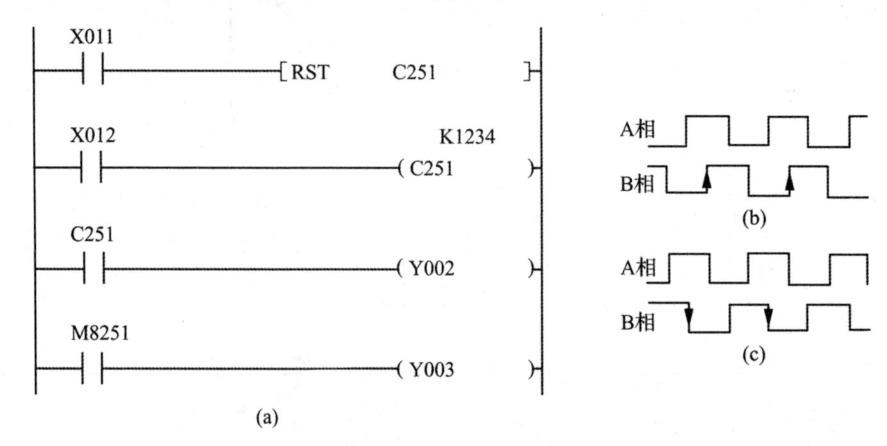

图4-48 A-B相型双计数输入高速计数器用法

⑤ 高速计数器的计数速度。

单相和双相计数器的最高计数频率为10kHz,A/B相计数器的最高计数频率为5kHz。

最高计数频率:FX1S和FX1N为60kHz,FX2N和FX2NC为20kHZ,计算计数频率时A/B相计数器的频率时应加倍。FX2N和FX2NC的X0和X1因为具有特殊的硬件,供单相或两相计数器(C235、C236或C246)时最高计数频率为60kHz,供C251时最高计数频率为30kHz。

应用指令SPD(速度检测,FUC56)具有高速计数和输入中断的特性,X0～X5可能被SPD指令使用,SPD指令使用的输入点不能与高速计数器和中断使用的输入点冲突。在计算高速计数器总的计数频率时,应将SPD指令视为一相高速计数器。

4. 任务实施

(1) 气动原理图

如图4-49所示,该系统由4个气缸组成,从左至右依次为推料气缸、工件分拣气缸1、工件分拣气缸2、工件分拣气缸3。

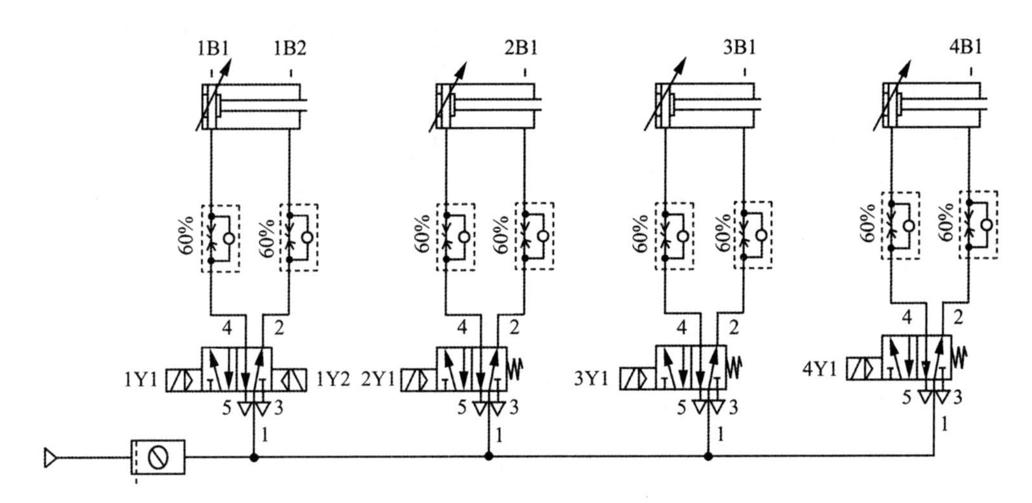

图 4-49　气动原理图

(2) I/O 接线图

I/O 接线图如图 4-50 所示。

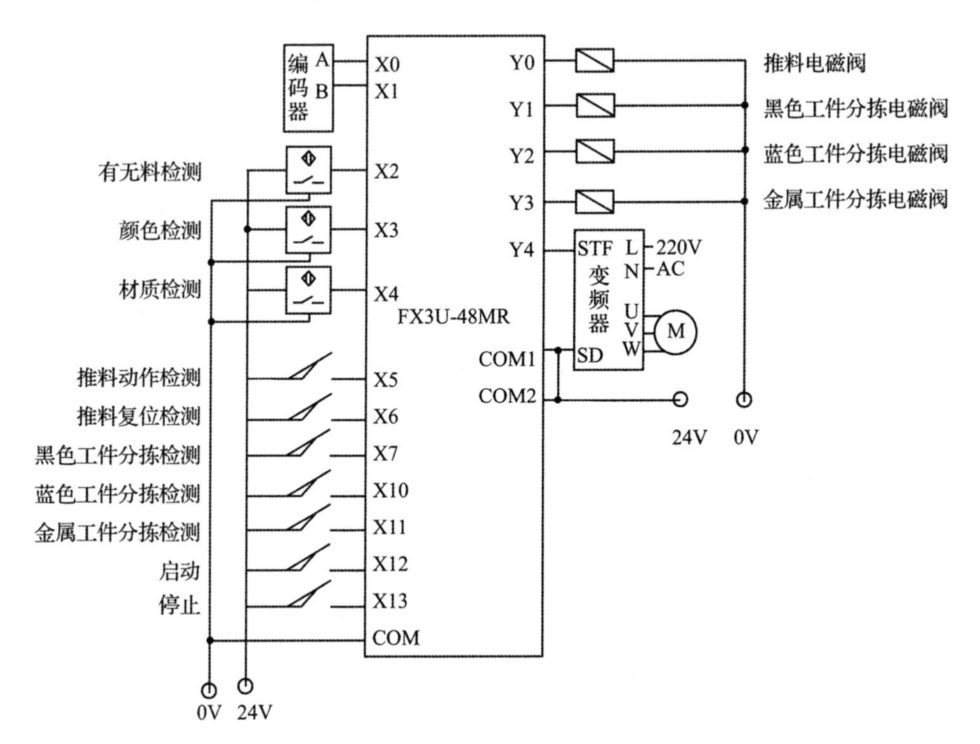

图 4-50　I/O 接线图

(3) I/O 分配表

I/O 分配表如表 4-6 所示。

表 4-6 工件分拣系统 I/O 分配表

I		O	
光电编码器 A 相	X0	推料缸电磁阀	Y0
光电编码器 B 相	X1	黑色工件分拣电磁阀	Y1
有/无料检测	X2	蓝色工件分拣电磁阀	Y2
颜色检测	X3	金属工件分拣电磁阀	Y3
材质检测	X4	传送带电机	Y4
推料动作检测	X5		
推料复位检测	X6		
黑色工件分拣检测	X7		
蓝色工件分拣检测	X10		
金属工件分拣检测	X11		
启动	X12		
停止	X13		

(4) 梯形图

梯形图程序如图 4-51 所示。

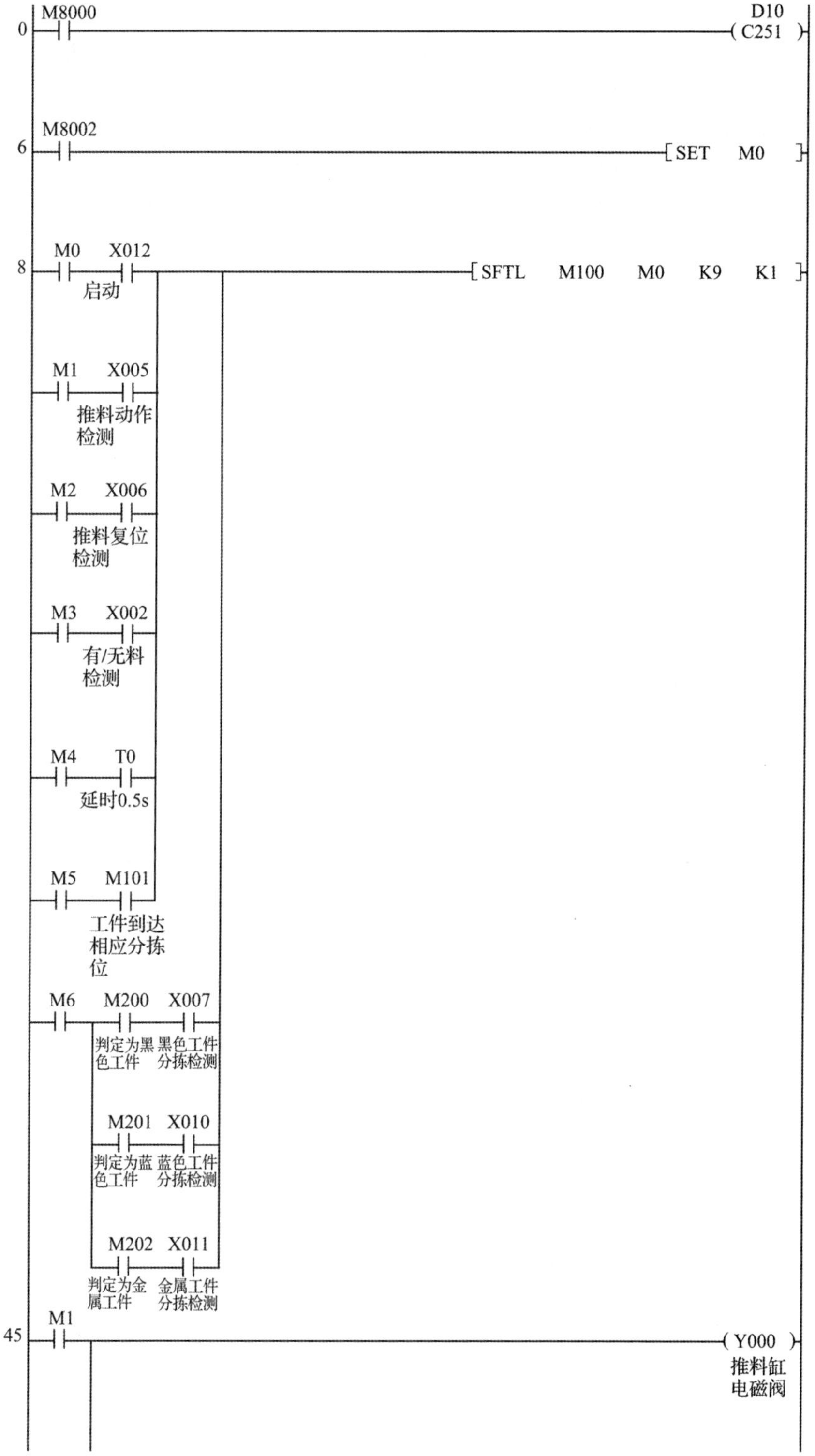

M8000
0 ─┤├─ D10 (C251)

M8002
6 ─┤├─ [SET M0]

8 M0 X012 启动 ─ [SFTL M100 M0 K9 K1]
M1 X005 推料动作检测
M2 X006 推料复位检测
M3 X002 有/无料检测
M4 T0 延时0.5s
M5 M101 工件到达相应分拣位
M6 M200 判定为黑色工件 X007 黑色工件分拣检测
M201 判定为蓝色工件 X010 蓝色工件分拣检测
M202 判定为金属工件 X011 金属工件分拣检测

M1
45 ─┤├─ (Y000) 推料缸电磁阀

[ZRST M200 M202]
M200 判定为黑色工件
M202 判定为金属工件

52 M4 —— (T0 K5) 延时0.5s

X003 颜色检测 (常闭) —— [SET M200] 判定为黑色工件
—— [RST M201] 判定为蓝色工件

X003 颜色检测 —— [SET M201] 判定为蓝色工件
—— [RST M200] 判定为黑色工件

X004 材质检测 —— [SET M202] 判定为金属工件

57 M5 M200 判定为黑色工件 [D>= C251 编码器计数 D0 黑色工件分拣位置] —— (M101) 工件到达相应分拣位

M201 判定为蓝色工件 [D>= C251 编码器计数 D2 蓝色工件分拣位置]

M202 判定为金属工件 [D>= C251 编码器计数 D4 金属工件分拣位置]

102 M5 —— (Y004) 传送带电机

104 M6 M200 判定为黑色工件 —— (Y001) 黑色工件分拣电磁阀

M201 判定为蓝色工件 —— (Y002) 蓝色工件分拣电磁阀

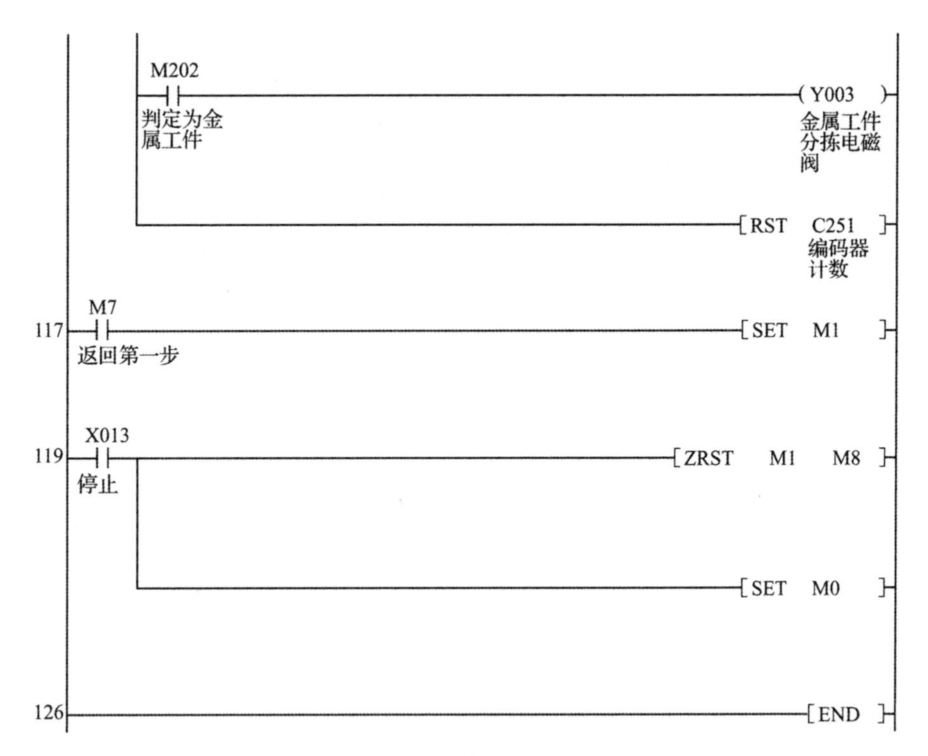

图4-51 工件分拣系统梯形图程序

(5)程序调试

按照I/O接线图安装各设备,输入程序,运行并调试,观察结果。注意:应采用手动调试的方式调试三种工件的位置参数。

任务七 直线运动机构控制

1. 任务引入

如图4-52所示,直线运动机构主要由步进驱动器、步进电机、滚珠丝杠、滑块、电感传感器、限位开关组成。当步进电机转动时,可驱动滑块按照规定的速度移动至设定的位置。

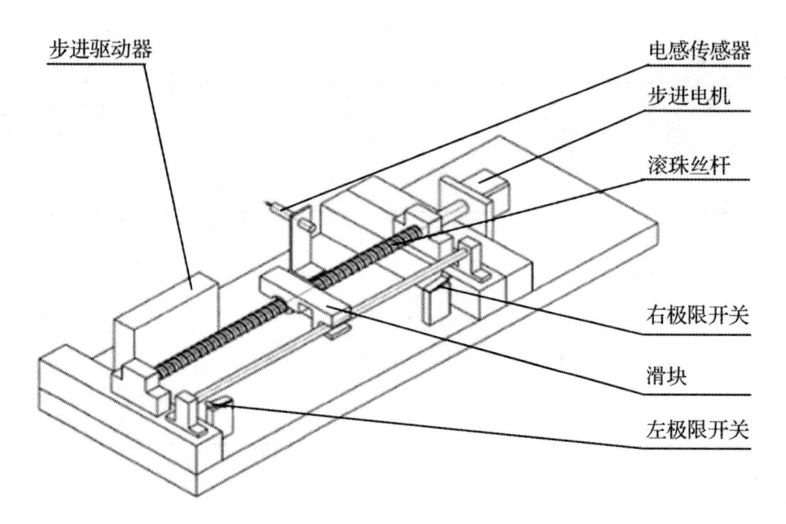

图4-52 直线运动机构简图

2. 任务分析

24V直流电源从限位开关两端子串出,当滑块压到限位开关后,系统会立即断电停止,从而保护机构不会被损坏。电感传感器采集原点信号,并将采集到的信号传送给PLC的输入端。系统工作过程如图4-53所示。

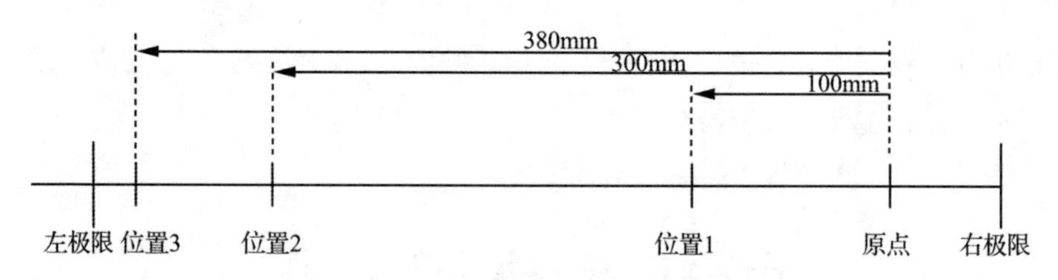

图4-53 系统工作过程示意图

按下“位置1”按钮,电机启动,带动滑块以4mm/s的速度行至位置1。

按下“位置2”按钮,电机启动,带动滑块以4mm/s的速度行至位置2。

按下“位置3”按钮,电机启动,带动滑块以6mm/s的速度行至位置3。

按下“复位”按钮,电机启动,带动滑块以10mm/s的速度右行,碰到原点后,以2mm/s的速度爬行。

按下“停止”按钮,电机立刻停止运行。

滚珠丝杆导程为5mm,电机细分设定为10000步。

3. 相关知识

（1）DM542 细分型两相混合式步进电机驱动器性能特征

DM542 细分型两相混合式步进电机驱动器采用直流 18 ~ 50V 供电，适合驱动电压为 18 ~ 50V、电流小于 4.0A、外径为 42 ~ 86mm 的两相混合式步进电机。此驱动器采用交流伺服驱动器的电流环进行细分控制，电机的转矩波动很小，低速运行很平稳，几乎没有振动和噪音。高速时力矩也大大高于其他两相驱动器，定位精度高，广泛适用于雕刻机、数控机床、包装机械等分辨率要求较高的设备。其主要特点有：

① 平均电流控制，两相正弦电流驱动输出。

② 直流 18 ~ 50V 供电。

③ 光电隔离信号输入/输出。

④ 有过压、欠压、过流、相间短路保护功能。

⑤ 十五挡细分和半自动半流功能。

⑥ 八挡输出相电流设置。

⑦ 具有脱机命令输入端子。

⑧ 电机的扭矩与它的转速有关，而与电机每转的步数无关。

⑨ 高启动转速。

⑩ 高速时的力矩大。

（2）DM542 电气参数

DM542 电气参数如表 4-7 所示。

表 4-7　DM542 电气参数

输入电压	直流 18 ~ 50V
输入电流	小于 4A
输出电流	1.0 ~ 4.2A
功耗	功耗：80W；内部保险：6A
温度	工作温度 -10℃ ~ 45℃；存放温度 -40℃ ~ 70℃
湿度	不能结露，不能有水珠
气体	禁止有可燃气体和导电灰尘
重量	200g

（3）DM542 控制信号接口

① 控制信号定义。

PLS/CW +：步进脉冲信号输入正端或正向步进脉冲信号输入正端。

PLS/CW -：步进脉冲信号输入负端或正向步进脉冲信号输入负端。

DIR/CCW +：步进方向信号输入正端或反向步进脉冲信号输入正端。

DIR/CCW -：步进方向信号输入负端或反向步进脉冲信号输入负端。

ENA +：脱机使能复位信号输入正端。

ENA -：脱机使能复位信号输入负端。

脱机使能信号有效时复位驱动器出现故障，禁止任何有效的脉冲，此时驱动器的输出功率元件被关闭，电机无保持扭矩。

② 控制信号连接。

上位机的控制信号可以为高电平有效，也可以为低电平有效。当控制信号为高电平有效时，所有控制信号的负端被连在一起作为信号地。当控制信号为低电平有效时，所有控制信号的正端被连在一起作为信号公共端。下面以集电极开路和PNP输出为例，接口电路示意图如图4-54、图4-55所示。

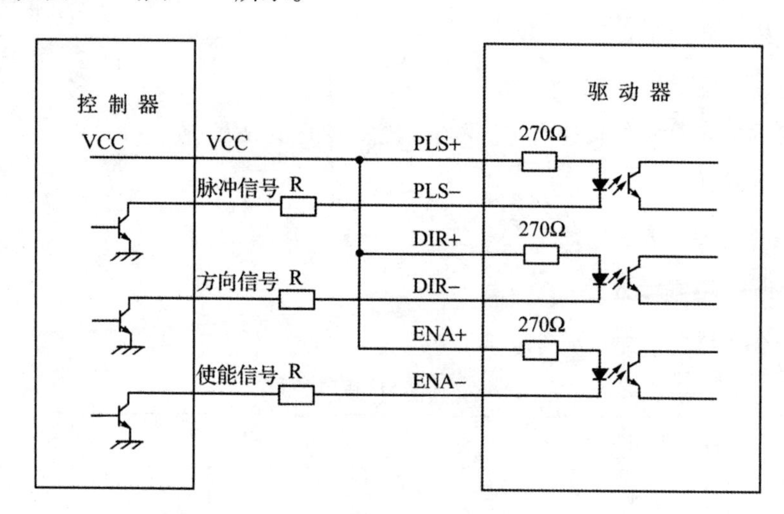

图4-54 输入接口电路(共阳极接法)

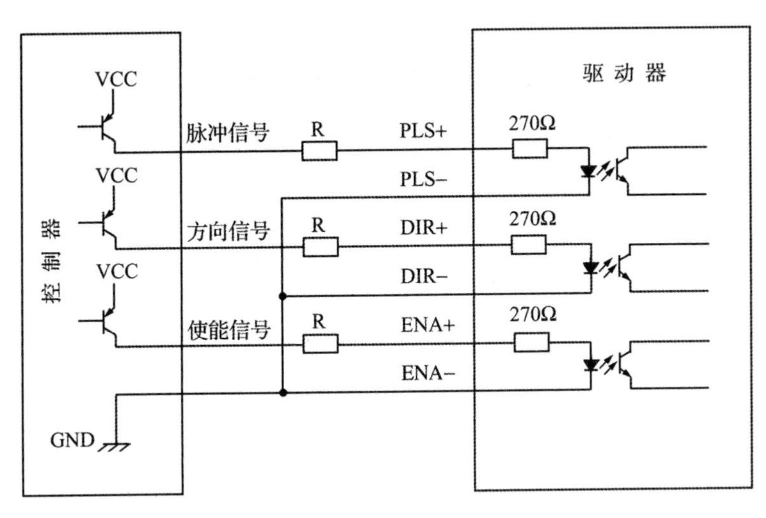

图 4-55　输入接口电路(共阴极接法)

(4) DM542 功能选择(用驱动器面板上的 DIP 开关实现)

① 设置电机每转步数。

驱动器可将电机每转的步数分别设置为 400、500、800、1000、1250、1600、2000、2500、3200、4000、5000、6400、8000、10000、12800 步等。用户可以通过驱动器正面板上的拨码开关的 SW5、SW6、SW7、SW8 位来设置驱动器的步数(表 4-8)。

表 4-8　驱动器细分设置表

SW5 状态	OFF	ON	OFF	ON	OFF	ON	OFF	ON	OFF	ON	OFF	ON	OFF	ON	OFF
SW6 状态	ON	OFF	OFF	ON	ON	OFF	OFF	ON	ON	OFF	OFF	ON	ON	OFF	OFF
SW7 状态	ON	ON	ON	OFF	OFF	OFF	OFF	ON	ON	ON	ON	OFF	OFF	OFF	OFF
SW8 状态	ON	ON	ON	ON	ON	ON	ON	OFF	OFF	OFF	OFF	OFF	OFF	OFF	OFF
步数	400	800	1600	3200	6400	12800	25600	1000	2000	4000	5000	8000	10000	20000	25000

② 选择控制方式。

拨码开关 SW4 位可设置成两种控制方式:当设置成“OFF”时,驱动器有半流功能;当设置成“ON”时,驱动器无半流功能。

③ 设置输出相电流。

为了驱动不同扭矩的步进电机,用户可以通过驱动器面板上的拨码开关 SW1、SW2、SW3 位来设置驱动器的输出相电流(有效值)。具体见表 4-9。

表 4-9　驱动器输出相电流设置表

拨码开关			输出电流/A	
SW1	SW2	SW3	峰值电流	均值电流
ON	ON	ON	1.00	0.71
OFF	ON	ON	1.46	1.04
ON	OFF	ON	1.91	1.36
OFF	OFF	ON	2.37	1.69
ON	ON	OFF	2.84	2.03
OFF	ON	OFF	3.31	2.36
ON	OFF	OFF	3.76	2.69
OFF	OFF	OFF	4.20	3.00

④ 半流功能。

半流功能是指无步进脉冲500ms后，驱动器输出电流自动降为额定输出电流的70%。该功能可用来防止电机发热。

(5) DM542 功率接口

① +V、GND：连接驱动器电源。

+V：直流电源正极，电源电压为直流16~50V，最大电流为5A。

GND：直流电源负极。

② A+、A-、B+、B-：连接两相混合式步进电机。

驱动器和两相混合式步进电机的连接采用四线制，电机绕组有并联和串联两种接法。并联接法时高速性能好，但驱动器电流大（为电机绕组电流的1.73倍）。采用串联接法时驱动器电流等于电机绕组电流。

(6) DM542 故障诊断

① 状态灯指示。

RUN：绿灯，正常工作时亮。

ERR：红灯，出现故障时亮，电机相间短路、过压保护和欠压保护。

② 故障诊断。

故障诊断具体见表4-10。

表 4-10 DM542 故障诊断表

故障	原因	解决措施
LED 不亮	电源接错	检查电源连线
	电源电压低	提高电源电压
电机不转,且无保持扭矩	电机连线不对	改正电机连线
	脱机使能 RESET 信号有效	使能 RESET 信号无效
电机不转,但有保持扭矩	无脉冲信号输入	调整脉冲宽度及信号的电平
电机转动方向错误	动力线相序接错	互换任意两相连线
	方向信号输入不对	改变方向设定
电机扭矩太小	相电流设置过小	正确设置相电流
	加速度太快	减小加速度值
	电机堵转	排除机械故障
	驱动器与电机不匹配	更换合适的驱动器

(7) 三菱小型 PLC 定位指令

在使用 PLC 做定位控制时,常用的定位指令有 PLSV、ZRN、DRVA、DRVI。

① PLSV:该指令以指定的脉冲频率发射脉冲,用脉冲频率的符号指定电机的方向,但该指令不能指定发射脉冲的数量,常需手动调试。

如图 4-56 所示,当 X0 接通时,Y0 点以每秒 10000 个的频率输出脉冲,Y2 此时为 ON 状态。当 X0 断开时,Y0 立即终止发射脉冲。

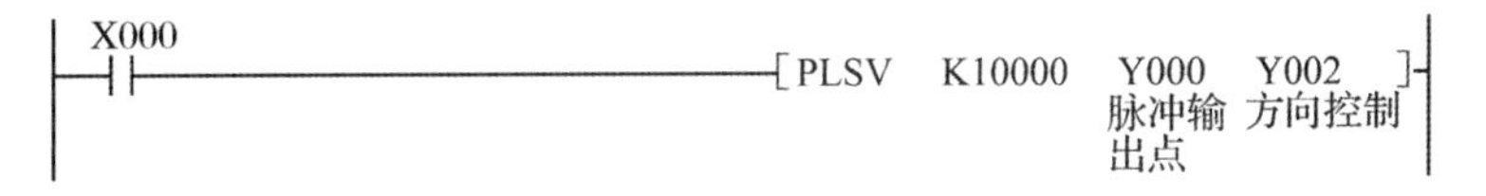

图 4-56 PLSV 用法 1

如图 4-57 所示,当 X1 接通时,Y0 点以每秒 12000 个的频率输出脉冲,Y2 此时为 OFF 状态。当 X1 断开时,Y0 立即终止发射脉冲。

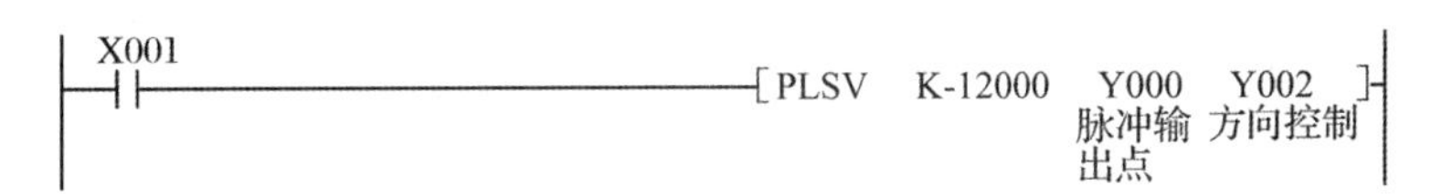

图 4-57 PLSV 用法 2

② ZRN:该指令用于回归原点,可指定回归脉冲频率及爬行脉冲频率,但不能指定方向,需要另加程序控制方向。

如图4-58所示，当X0接通时，Y0点以每秒20000个的频率输出脉冲，此时电机驱动工作机构向原点移动（移动方向需另加程序控制）。当原点信号X1接通时，Y0点输出脉冲频率降低为每秒2000个，工作机构继续慢速爬行，直至原点信号X1断开，此时指令停止执行。

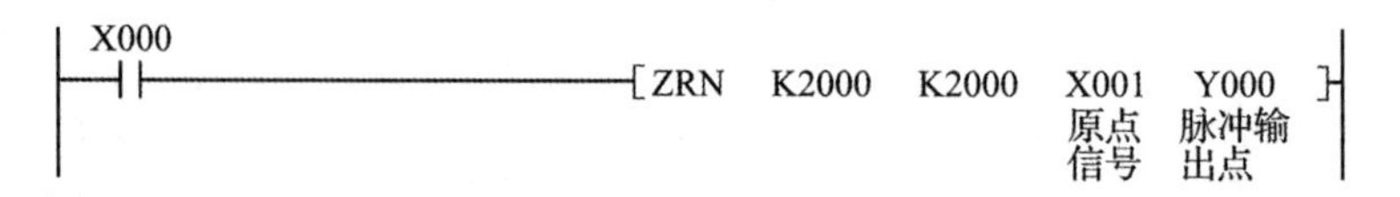

图4-58 ZRN指令用法

③ DRVA：以绝对驱动方式执行单速位置控制指令。

如图4-59所示，K25000指定目标位置（绝对指定），K1000指定脉冲频率，Y0为脉冲输出点，Y2指定方向。当X0接通时，Y0点以每秒1000个的频率发射脉冲，实际发射脉冲的总数量为“目标位置”与“当前位置”（由D8341/D8340记录）的差值。若差值为正数，则Y2为ON状态；若差值为负数，则Y2为OFF状态。

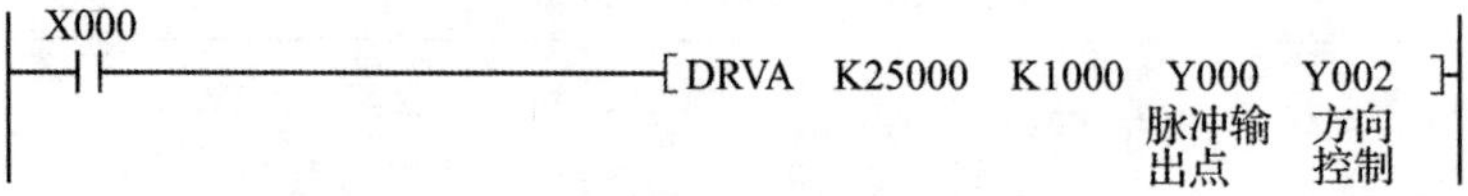

X000
[DRVA K25000 K1000 Y000 Y002]
脉冲输出点 方向控制

图4-59 DRVA指令用法

④ DRVI：以相对驱动方式执行单速位置控制指令。

如图4-60所示，K30000指定目标位置（相对指定），K2000指定脉冲频率，Y0为脉冲输出点，Y2指定方向。当X0接通时，Y0点以每秒2000个的频率发射脉冲，实际发射脉冲的总数量为30000个。Y2指定方向，需另加程序控制。

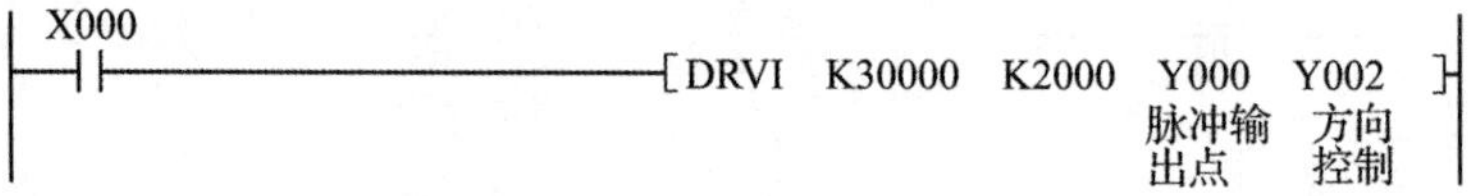

X000
[DRVI K30000 K2000 Y000 Y002]
脉冲输出点 方向控制

图4-60 DRVI指令用法

定位指令相关参数和标志位见表4-11、表4-12。

表4-11 定位指令相关参数（FX3U）

脉冲输出	当前值寄存器	基底速度	最快速度	爬行速度	原点回归速度	加速时间	减速时间
Y0	D8340（低位）	D8342	D8343（低位）	D8345	D8346（低位）	D8348	D8349
	D8341（高位）		D8344（高位）		D8347（高位）		

续表

脉冲输出	当前值寄存器	基底速度	最快速度	爬行速度	原点回归速度	加速时间	减速时间
Y1	D8350(低位)	D8352	D8353(低位)	D8355	D8356(低位)	D8358	D8359
	D8351(高位)		D8354(高位)		D8357(高位)		
Y2	D8360(低位)	D8362	D8363(低位)	D8365	D8366(低位)	D8368	D8369
	D8361(高位)		D8364(高位)		D8367(高位)		

表 4-12 定位指令相关标志位(FX3U)

代号	名称	内容
M8029		脉冲输出完成标志
M8329		指令执行异常结束
M8338		ON:PLSV 带加减速
M8340		Y0 脉冲输出监控
M8341	ON 有效	清零
M8342	原点回归方向	OFF:正转方向复位 ON:反转方向复位
M8343	Y0 用正转极限	ON:仅能驱动反转方向
M8344	Y0 用反转极限	OFF:仅能驱动正转方向
M8349	Y0 用脉冲输出停止指示	ON:Y0 停止输出脉冲
M8350		Y1 脉冲输出监控
M8353	Y1 用正转极限	ON:仅能驱动反转方向
M8354	Y1 用反转极限	OFF:仅能驱动正转方向
M8359	Y2 用脉冲输出停止指示	ON:Y2 脉冲停止输出
M8360		Y2 脉冲输出监控
M8363	Y2 用正转极限	ON:仅能驱动反转方向
M8364	Y2 用反转极限	OFF:仅能驱动正转方向
M8369	Y2 用脉冲输出停止指示	ON:Y2 停止输出脉冲

3. 任务实施

(1) I/O 接线图

直线运动机构的 I/O 接线图如图 4-61 所示。

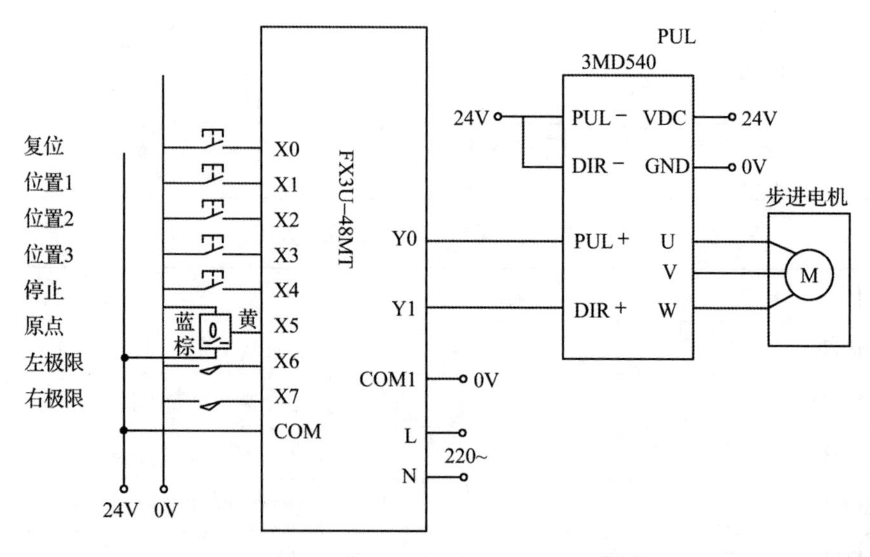

图 4-61 直线运动机构的 I/O 接线图

(2) 梯形图程序

梯形图程序如图 4-62 所示。

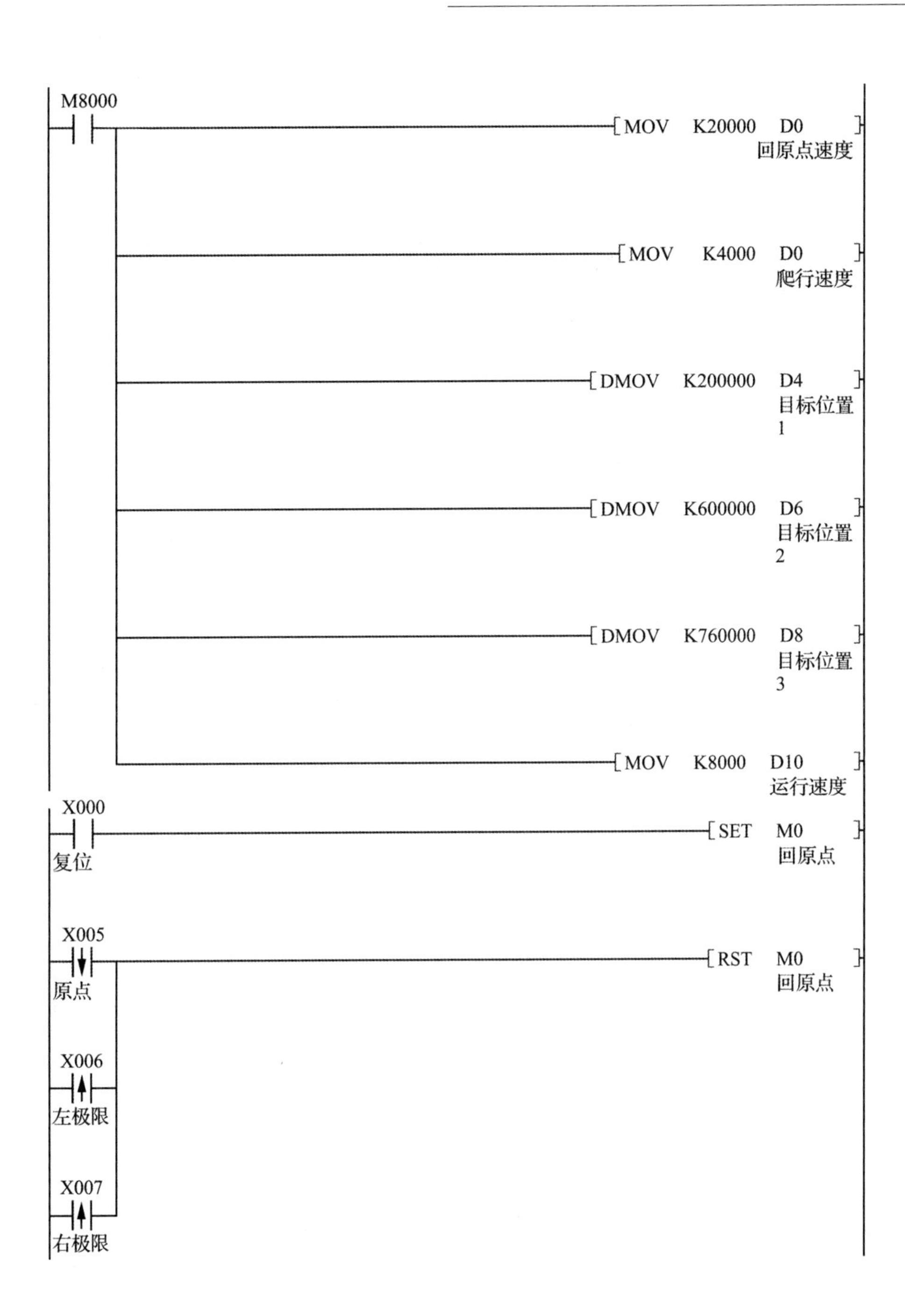
M8000
MOV K20000 D0
回原点速度
MOV K4000 D0
爬行速度
DMOV K200000 D4
目标位置1
DMOV K600000 D6
目标位置2
DMOV K760000 D8
目标位置3
MOV K8000 D10
运行速度
X000
复位
SET M0
回原点
X005
原点
RST M0
回原点
X006
左极限
X007
右极限

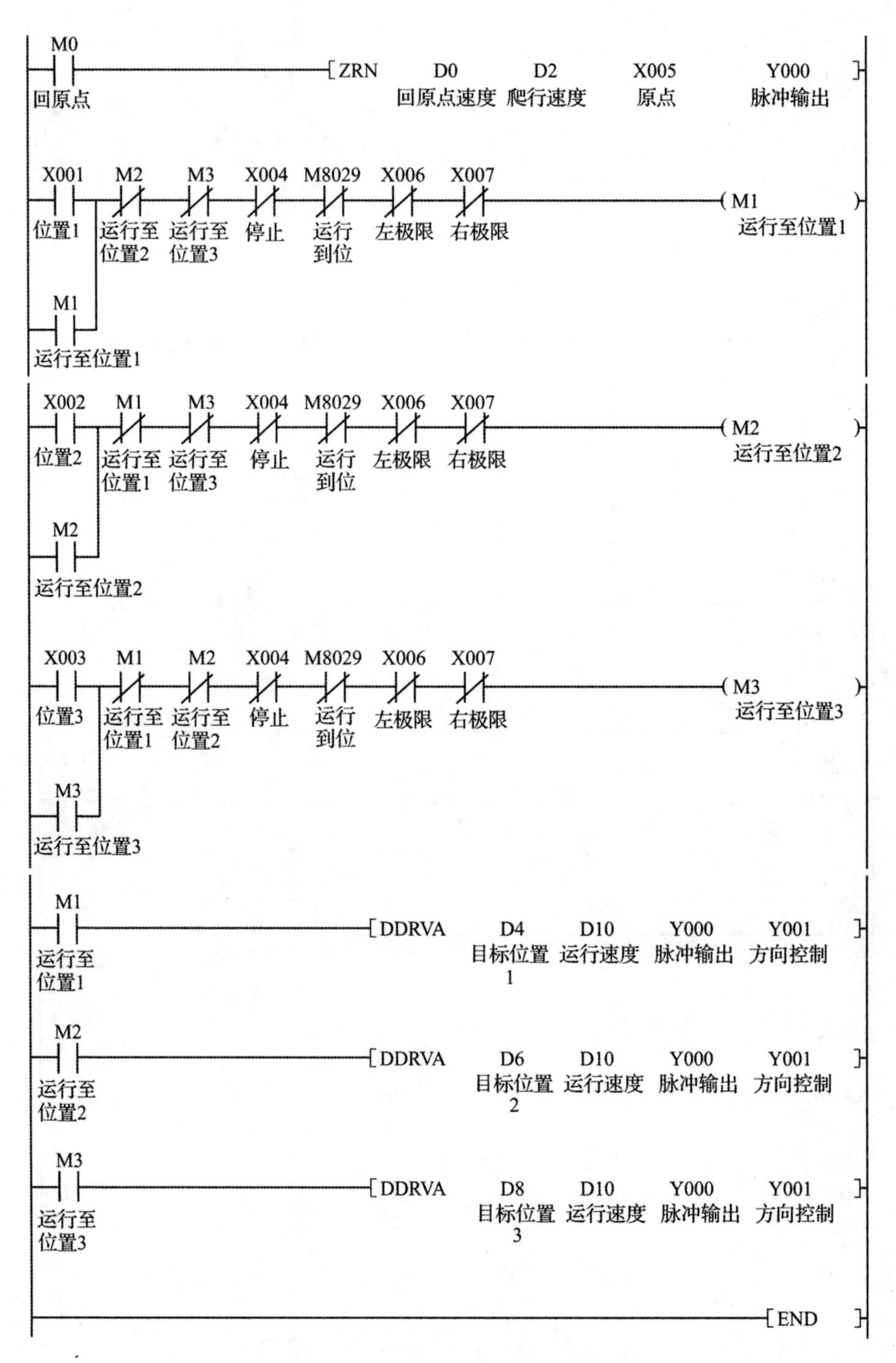

图 4-62　直线运动机构的梯形图程序

(3) 程序调试

首先设置驱动器细分及相电流,然后按照接线图连线,输入程序,最后按照控制要求

操作,验证程序是否满足工作要求。(注意:设置好驱动的参数后,要先断电后再上电)

任务八 使用触摸屏设定及监视变频器运行频率

1. 任务分析

图 4-63 所示为通过触摸屏来给定变频器频率并显示当前变频器的运行频率。

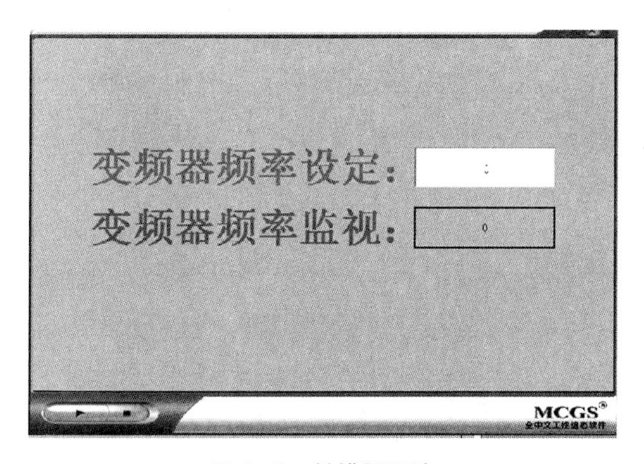

图 4-63 触摸屏设计

依据控制要求,当变频器的模拟量输入接口接收到模拟电压(0 ~ 10V)或模拟电流(4 ~ 20mA)时,变频器按照指定的频率运行。同样地,当变频器运行时,其模拟量输出接口可输出 0 ~ 10V 电压或 4 ~ 20mA 电流信号。由此可见,变频器所能接收或输出的信号只能是电压或电流信号,而触摸屏给定的只能是一个数值,因此需要将电压或电流信号与数值进行相互转化。此时需要用到 PLC 的特殊功能模块 A/D、D/A 转换器。

2. 相关知识

在 PLC 控制系统中,输入信号可分为"开关量"和"模拟量"两种。

开关量是一种只有两种工作状态的物理量,比如开关的导通和断开、继电器的闭合和打开、电磁阀的通和断,等等。对控制系统来说,由于 CPU 是二进制的,数据的每位只有"0"和"1"两种状态,因此,开关量只要用 CPU 内部的一位即可表示,比如,用"0"表示开,用"1"表示关。

模拟量是一种连续变化的物理量,其大小是一个在一定范围内连续变化的数值。比如温度为 0 ~ 100℃,压强为 0 ~ 10Mpa,液位为 1 ~ 5m,电动阀门的开度为 0 ~ 100%,等等。

根据精度,模拟量通常需要8～16位二进制数才能表示一个模拟量。最常见的模拟量是12位的。最高精度约为2.5×10^{-4}。当然,在实际的控制系统中,模拟量的精度还要受模拟/数字转换器和仪表的精度限制,通常不可能达到这么高。PLC不能直接处理模拟量,需要先将模拟量输入模块中的A/D转换器,将模拟量转换为与输入信号成正比的数字量。PLC中的数字量需要用模拟量输出模块中的D/A转换器将它们转换为与相应数字成比例的电压或电流模拟量,供外部执行机构(例如,电动调节阀或变频器)使用。模拟信号的产生过程如图4-64所示。

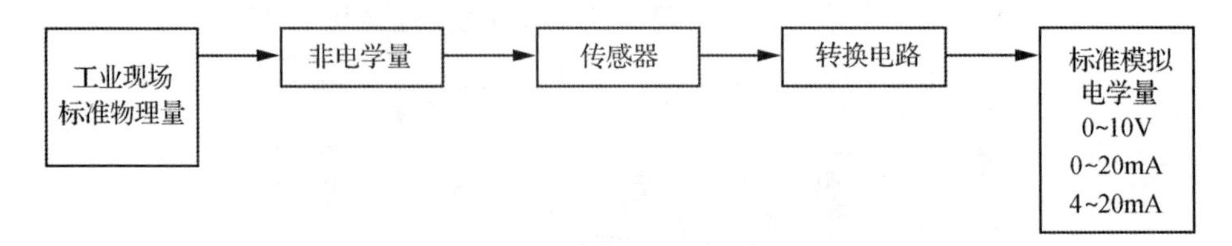

图4-64　模拟信号的产生过程

FX3U-3A-ADP特殊适配器简介:FX3U-3A-ADP连接在FX3S、FX3G、FX3GC、FX3U、FX3UC可编程控制器上,它是一种特殊适配器,可获取2通道的电压/电流数据模拟量并输出1通道的电压/电流数据模拟量。FX3U、FX3UC可编程控制器上最多可连接4台3A-ADP。可以实现电压输入/输出、电流输入/输出。各通道的A/D转换值被自动写入FX3U、FX3UC可编程控制器的特殊数据寄存器中,D/A转换值根据FX3U、FX3UC可编程控制器中特殊数据寄存器的值而被自动输出。FX3U-3A-ADP特殊适配器与PLC主机单元的连接如图4-65所示。

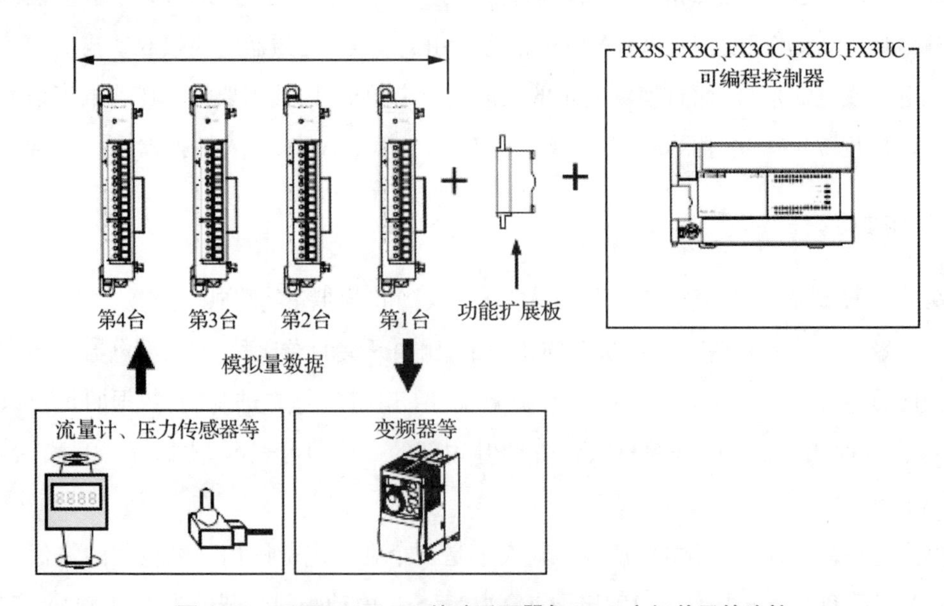

图4-65　FX3U-3A-ADP特殊适配器与PLC主机单元的连接

FX3U-3A-ADP 特殊适配器的性能规格及输入/输出特性如表 4-13 所示。FX3U-3A-ADP 特殊适配器接线端子分布如图 4-66 所示。FX3U-3A-ADP 特殊适配器模拟量输入接线如图 4-67 所示。FX3U-3A-ADP 特殊适配器模拟量输出接线如图 4-68 所示。FX3U-3A-ADP 特殊适配器特殊软元件如表 4-14 所示。

表 4-13　FX3U-3A-ADP 特殊适配器性能规格，输入输出特性

项目		规格			
		电压输入	电流输入	电压输出	电流输出
输入/输出点数		2 通道		1 通道	
模拟量输入/输出范围		DC 0～10V（输入电阻 198.7kΩ）	DC 4～20mA（输入电阻 250kΩ）	DC 0～10V（外部负载电阻 5k～1MΩ）	DC 4～20mA（外部负载电阻 500Ω 以下）
最大绝对输入		-0.5V，+15V	-2mA，+30mA	-	-
数字量输入/输出		12 位，二进制			
分辨率		2.5mA	5μA	2.5mV	4μA
综合精度	环境温度 (25±5)℃	针对满量程 10V ±0.5%（±50mV）	针对满量程 16mA ±0.5%（±80μA）	针对满量程 10V ±0.5%（±50mV）	针对满量程 16mA ±0.5%（±80μA）
	环境温度 0～55℃	针对满量程 10V ±1.0%（±100mV）	针对满量程 16mA ±1.0%（±160μA）	针对满量程 10V ±1.0%（±100mV）	针对满量程 16mA ±1.0%（±160μA）
	备注	-	-	外部负载电阻（R_S）不满 5kΩ 时，增加下述计算部分：±1.0%（±100mV）针对满量程 10V $\left(\frac{47\times100}{R_S+47}-0.9\right)\%$	-
输入/输出特性		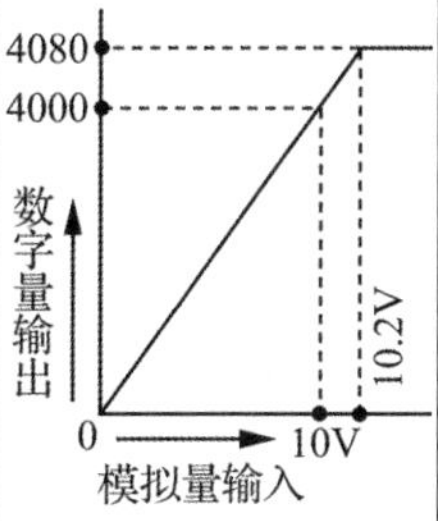 4080, 4000, 数字量输出, 0, 10V, 10.2V, 模拟量输入	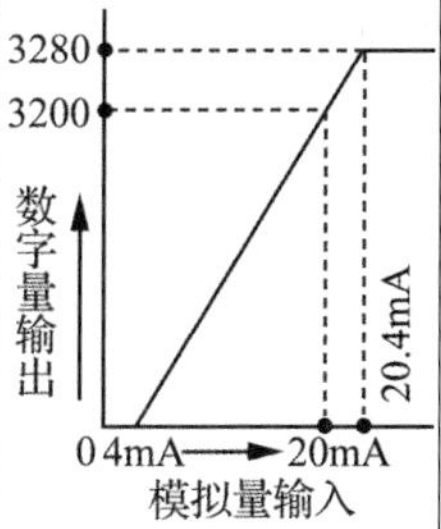 3280, 3200, 数字量输出, 0 4mA, 20mA, 20.4mA, 模拟量输入	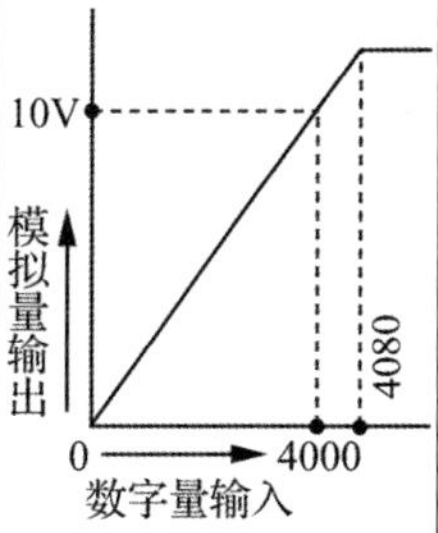 10V, 模拟量输出, 0, 4000, 4080, 数字量输入	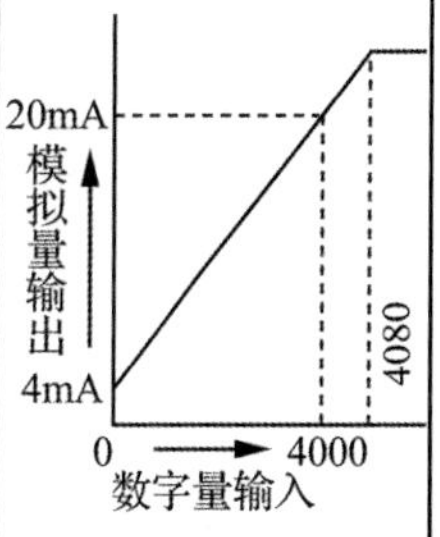 20mA, 模拟量输出, 4mA, 0, 4000, 4080, 数字量输入

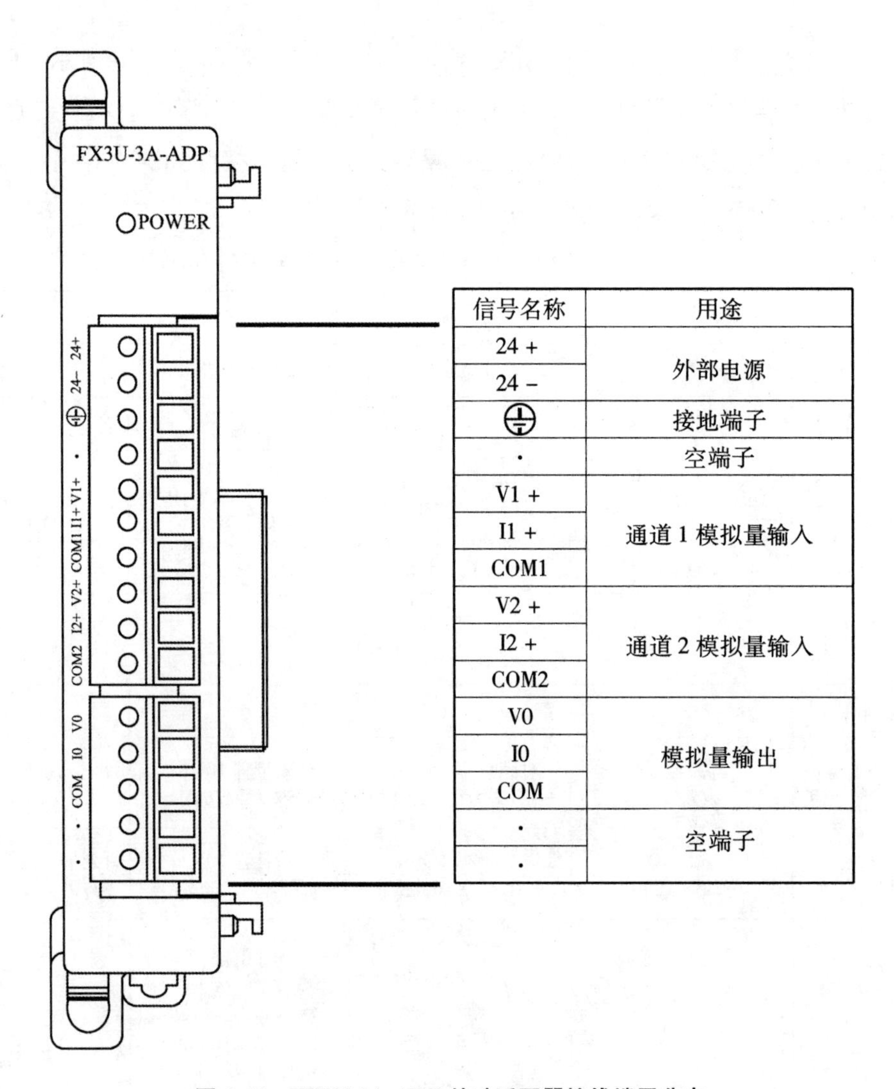

信号名称	用途
24 +	外部电源
24 −	
⏚	接地端子
·	空端子
V1 +	通道 1 模拟量输入
I1 +	
COM1	
V2 +	通道 2 模拟量输入
I2 +	
COM2	
V0	模拟量输出
I0	
COM	
·	空端子
·	

图 4-66　FX3U-3A-ADP 特殊适配器接线端子分布

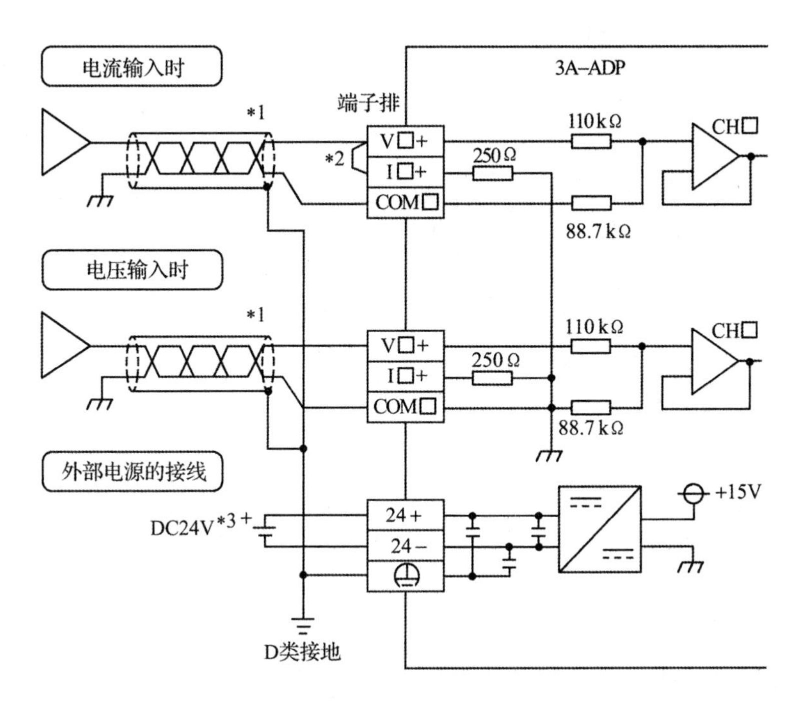

在V□+、I□+、CH□的□中输入通道编号。

图 4-67 FX3U-3A-ADP 特殊适配器模拟量输入接线

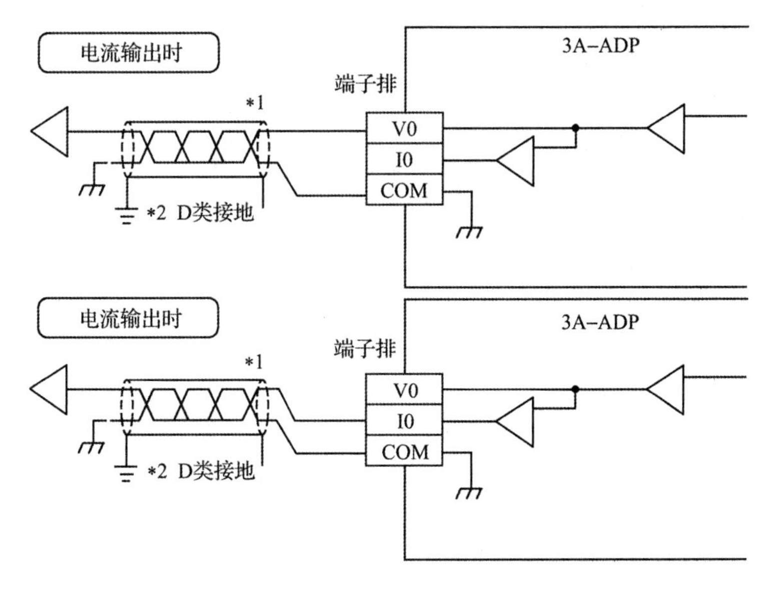

图 4-68 FX3U-3A-ADP 特殊适配器模拟量输出接线

表 4-14　FX3U-3A-ADP 特殊适配器特殊软元件

(a)

特殊软元件	软元件编号				内容	属性
	第 1 台	第 2 台	第 3 台	第 4 台		
特殊辅助继电器	M8260	M8270	M8280	M8290	通道 1 输入模式切换	R/W
	M8261	M8271	M8281	M8291	通道 2 输入模式切换	R/W
	M8262	M8272	M8282	M8292	输出模式切换	R/W
	M8263	M8273	M8283	M8293	未使用(请不要使用)	-
	M8264	M8274	M8284	M8294		
	M8265	M8275	M8285	M8295		
	M8266	M8276	M8286	M8296	输出保持解除设定	R/W
	M8267	M8277	M8287	M8297	设定输入通道 1 是否使用	R/W
	M8268	M8278	M8288	M8298	设定输入通道 2 是否使用	R/W
	M8269	M8279	M8289	M8299	设定输出通道是否使用	R/W
特殊数据寄存器	D8260	D8270	D8280	D8290	通道 1 输入数据	R
	D8261	D8271	D8281	D8291	通道 2 输入数据	R
	D8262	D8272	D8282	D8292	输出设定数据	R/W
	D8263	D8273	D8283	D8293	未使用(请不要使用)	-
	D8264	D8274	D8284	D8294	通道 1 平均次数(设定范围:1 ~4095)	R/W
	D8265	D8275	D8285	D8295	通道 2 平均次数(设定范围:1 ~4095)	R/W
	D8266	D8276	D8286	D8296	未使用(请不要使用)	-
	D8267	D8277	D8287	D8297		
	D8268	D8278	D8288	D8298	错误状态	R/W
	D8269	D8279	D8289	D8299	机型代码 =50	R

(b)

特殊辅助继电器				内容	
第 1 台	第 2 台	第 3 台	第 4 台		
M8260	M8270	M8280	M8290	通道 1 输入模式切换	OFF:电压输入 ON:电流输入
M8261	M8271	M8281	M8291	通道 2 输入模式切换	
M8262	M8272	M8282	M8292	输出模式切换	OFF: 电压输出 ON: 电流输出

2. 任务实施

(1) FX3U-3A-ADP 特殊适配器与变频器接线图

FX3U-3A-ADP 特殊适配器与变频器接线图如图 4-69 所示。

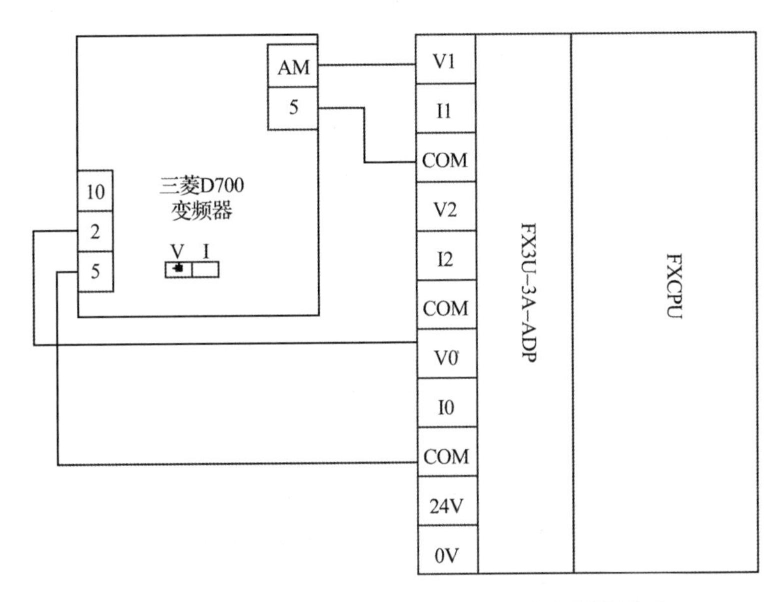

图 4-69 FX3U-3A-ADP 特殊适配器与变频器接线图

本任务设定为电压模拟量输入 0～10V，电压模拟量输出 0～10V。注意：需将三菱变频器模拟量输入模式调至“V”挡。使用通道 1 连接变频器输出信号（AM、5 端子），即变频器当前的运行频率值；使用通道 0 连接变频器的输入信号（2、5 端子），即设定变频器的运行频率。

(2) 编写梯形图程序

初始化，复位 M8260、M8262，设定通道 1 为电压输入，设定通道 0 为电压输出，如图 4-70（a）所示。

0～10V 模拟量电压对应的数字量为 0～4000，对应的变频器频率为 0～50Hz，因此触摸屏输入值（D0）×80 = D10 = D8262。例如，设定变频器频率为 20Hz，则 D0 = 20，D10 = D8262 = 1600，此时对应的模拟量输出电压 = 10 × 1600/4000V = 4V，如图 4-70（b）所示。

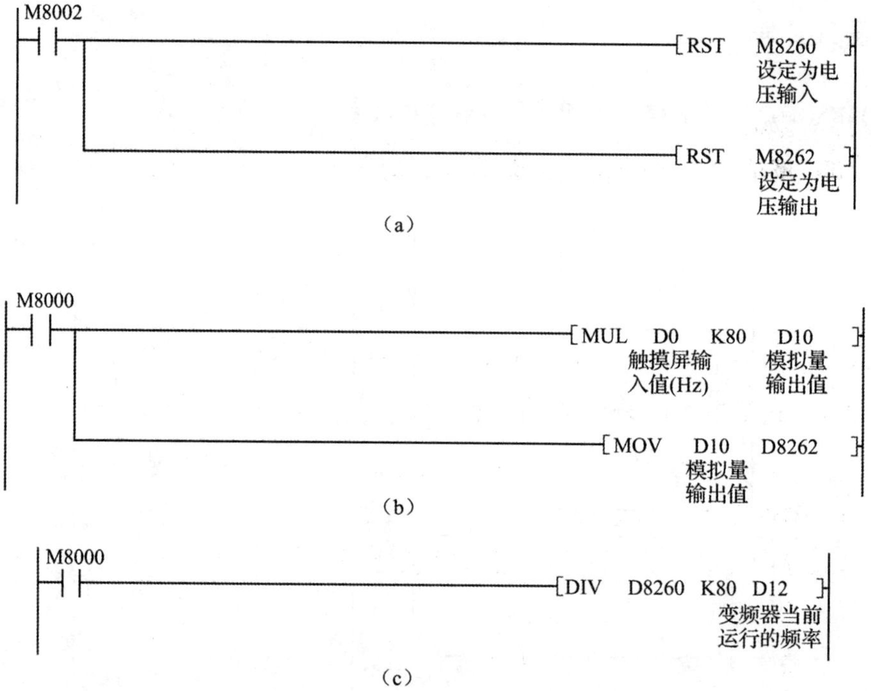

(a)

(b)

(c)

图4-70 FX3U-3A-ADP特殊适配器梯形图程序

同样地,若变频器当前运行频率为20Hz,则变频器AM、5号端子输出电压为4V,对应的数字量为1600 = D8260,将D8260/80 = 20Hz = D12,此时在触摸屏上显示为20,达到监视变频器运行频率的目的,如图4-70(c)所示。

习 题

4-1 三台电机相隔10s启动,各自运行20s后停止,循环往复。要求应用比较指令设计程序。

4-2 试用四则运算指令完成计算式(18 + 6) × 32。

4-3 设计一段程序,依次将计数器C0 ~ C9的当前值转换成BCD码,传送至K4Y0中。

4-4 电动葫芦控制。要求:(1) 工作方式有自动方式和手动方式。(2) 采用自动方式时,电动葫芦上升6s,停9s,下降6s,停9s,循环运行1小时,停止并发出声光信号。(3) 采用手动方式时,可手动控制电动葫芦上升和下降。画出PLC接线图和梯形图程序。

4-5 试设计一个彩灯交叉显示程序,要求8盏灯隔灯点亮,每秒点亮1个,循环往复。

项目五 PLC 顺控指令 SFC 的编程方法

顺序功能图(Sequential Function Chart)是一种新颖的、按照工艺流程图进行编程的图形编程语言。这是一种 IEC 标准推荐的首选编程语言,近年来在 PLC 编程中得到了广泛应用。

用 SFC 编程具有如下优点:

① 在程序中可以很直观地看到设备的动作顺序。比较容易读懂程序,因为程序按照设备的动作顺序进行编写,规律性较强。

② 在设备出现故障时能够很容易地查找出故障所处的位置。

③ 不需要复杂的互锁电路,更容易设计和维护系统。

SFC 的结构如下:

SFC 步 + 转换条件 + 有向连接 + 机器工序的各个运行动作。

SFC 程序的运行从初始步开始,每次转换条件成立时执行下一步,在遇到 END 步时结束向下运行。

任务一 单流程结构编程

这里主要介绍在三菱 PLC 编程软件 GX Developer 中编制 SFC 顺序功能图。下面以例 5-1 介绍 SFC 程序的编制法。

例 5-1 自动闪烁信号生成,PLC 上电后 Y0、Y1 以 1s 为周期交替闪烁。本例的梯形图程序和指令表如图 5-1 所示。

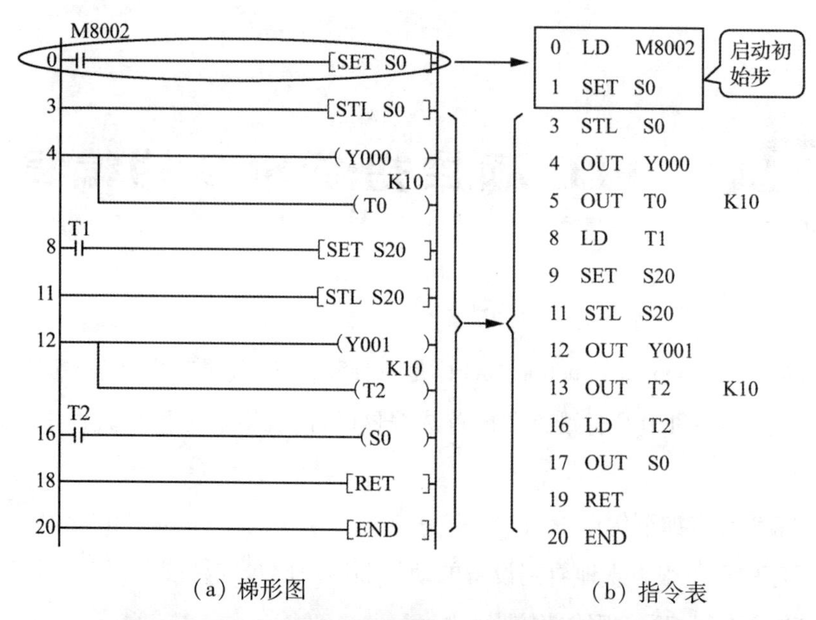

(a) 梯形图　　　　(b) 指令表

(c) SFC程序

图5-1　闪烁信号

下面对图5-1(c)所示的SFC程序进行总体认识。一个完整的SFC程序由初始状态、方向线、转移条件和转移方向组成。在SFC程序中初始状态必须是有效的,所以程序要有启动初始状态的条件,本例中梯形图的第一行表示启动初始步。在SFC程序中启动初始步要用梯形图,下面介绍具体的程序输入方法。

启动GX Developer编程软件,单击"工程"菜单,选择"创建新工程"菜单项或单击"新建工程"按钮 □(图5-2)。

图 5-2　GX Developer 编程软件窗口

我们主要讲述三菱系列 PLC，所以在“创建新工程”对话框（图 5-3）的“PLC 系列”下拉列表框中选择“FXCPU”，在“PLC 类型”下拉列表框中选择“FX2N(C)”，在“程序类型”项中选择“SFC”，在“工程名设定”项中设置好工程名和保存路径之后，单击“确定”按钮。

创建新工程
PLC系列
FXCPU
PLC类型
FX2N(C)
确定
取消
程序类型
梯形图逻辑
SFC
MELSAP-L
ST
标签设定
不使用标签
使用标签
(使用ST程序、FB、结构体时选择)
生成和程序名同名的软元件内存数据
工程名设定
设置工程名
驱动器/路径　d:\MELSEC\GPPW
工程名　浏览
索引

图 5-3　“创建新工程”对话框

在弹出的块列表窗口（图 5-4）中双击第零块或其他块，系统弹出“块信息设置”对话框（图 5-5）。

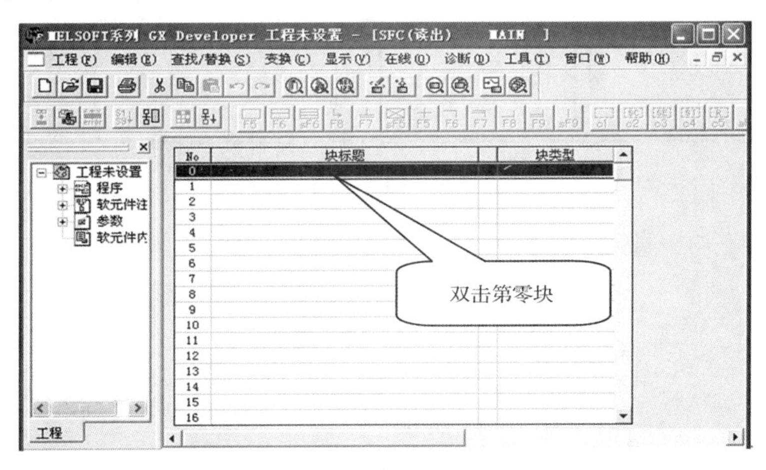

图 5-4　块列表窗口

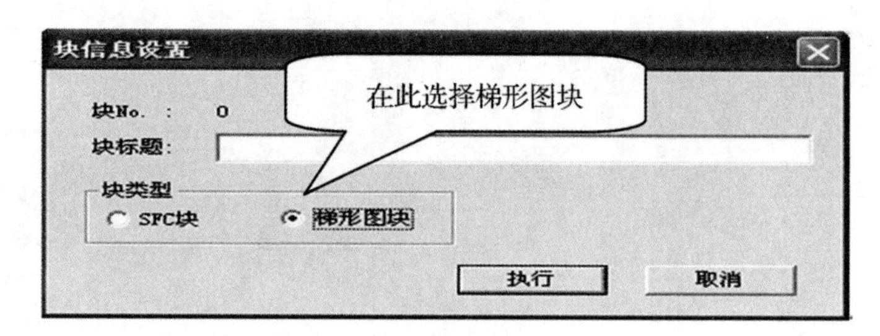

图5-5 “块信息设置”对话框

在“块标题”文本框中可以填入相应的块标题(也可以不填),在“块类型”中选中“梯形图块”。之所以选择梯形图块,是因为在SFC程序中初始状态必须被激活,而我们激活的方法是利用一段梯形图程序,而且这一段梯形图程序必须被放在SFC程序的开头部分。单击“执行”按钮,弹出梯形图编辑窗口(图5-6)。在右边梯形图编辑窗口中输入启动初始状态的梯形图。在本例中我们利用PLC的一个辅助继电器M8002的上电脉冲使初始状态生效。在梯形图编辑窗口中单击第零行,输入初始化梯形图,输入完成后单击“变换”菜单(图5-7),选择“变换”项或按【F4】快捷键,完成梯形图的变换。

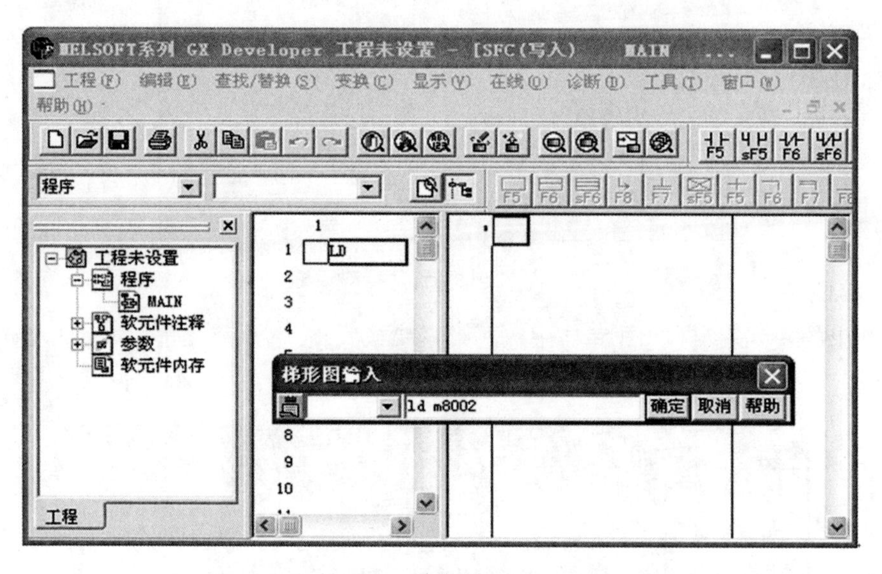

(a)

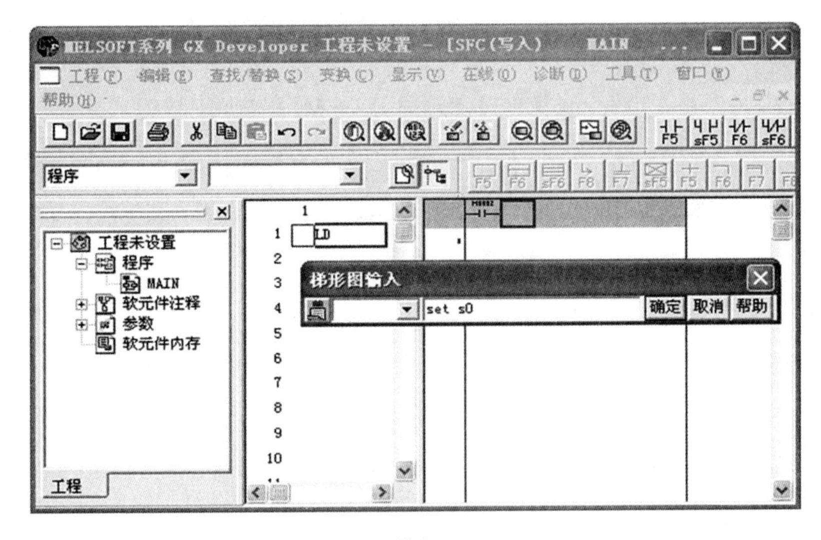

(b)

图 5-6　梯形图编辑窗口

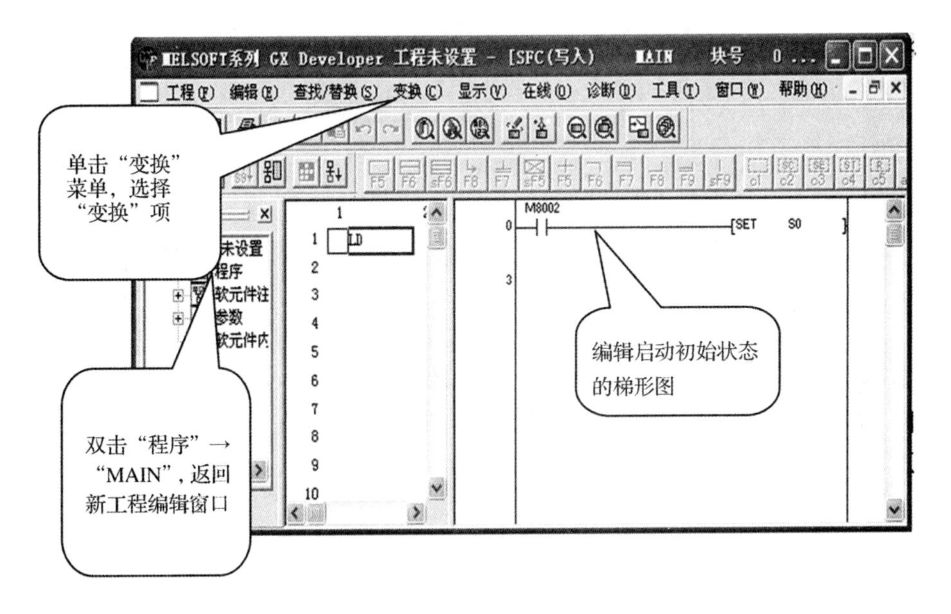

图 5-7　梯形图输入完毕窗口

注意　如果想使用其他方式启动初始状态，只需要改动上图中的启动脉冲 M8002 即可。如果有多种方式启动初始状态，我们只需进行触点的并联即可。需要说明的是，每一个 SFC 程序至少有一个初始状态，且初始状态必须在 SFC 程序的最前面。在 SFC 程序的编制过程中，在每一个状态中的梯形图被编制完成后必须对其进行变换，才能进行下一步工作，否则系统会弹出出错提示对话框(图 5-8)。

图5-8　出错提示对话框

以上完成了程序的第一块(梯形图块)，双击“程序”→“MAIN”，返回块列表窗口(图5-4)。双击第一块，在弹出的“块信息设置”对话框的“块类型”中选中“SFC块”(图5-9)，在“块标题”中可以填入相应的标题或什么也不填，单击“执行”按钮，系统弹出SFC程序编辑窗口(图5-10)，此时光标变成空心矩形。

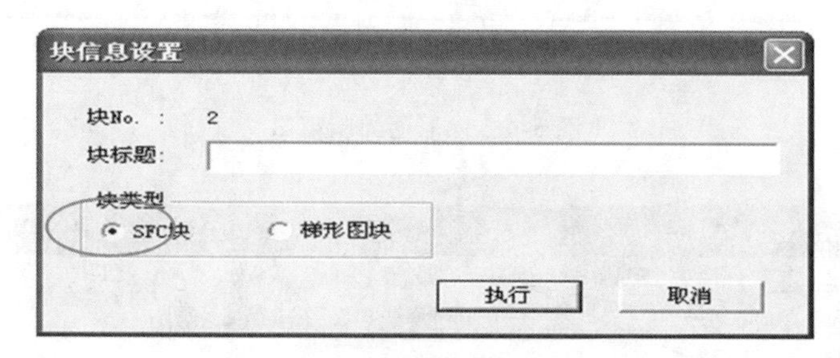

图5-9　块信息设置

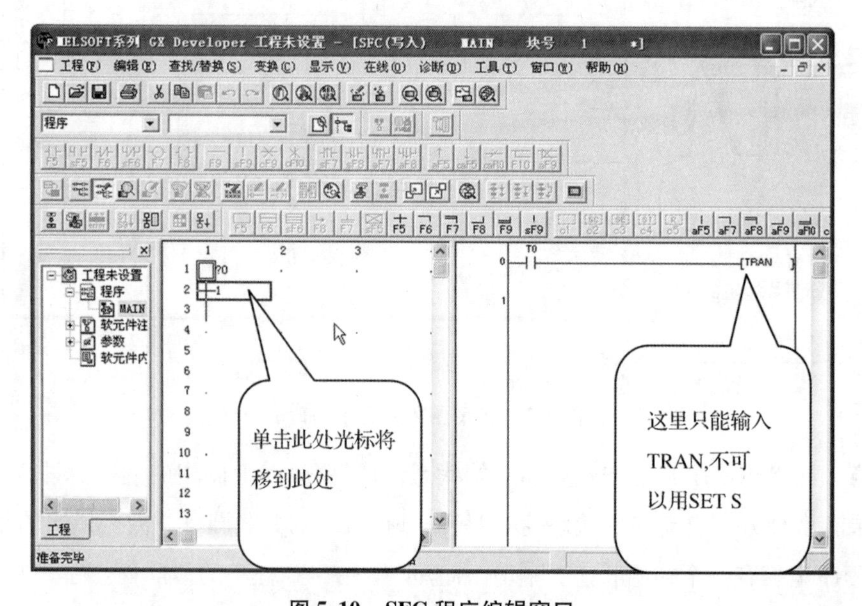

图5-10　SFC程序编辑窗口

说明　在SFC程序中每一个状态或转移条件都是以SFC符号的形式出现在程序中的。每一种SFC符号都对应有图标和图标号。下面输入使状态发生转移的条件，在SFC

程序编辑窗口中将光标移到第一个转移条件符号处。在右侧梯形图编辑窗口中输入使状态转移的梯形图。细心的读者从图中可以看出，T0 触点驱动的不是线圈，而是 TRAN 符号。TRAN 表示转移（Transfer）。在 SFC 程序中所有的转移都用 TRAN 表示，不可以用 SET + S□ 语句表示。这里对梯形图的编辑不再赘述。编辑完一个条件后按【F4】快捷键转换。转换后梯形图由原来的灰色变成亮白色，而 SFC 程序编辑窗口中 1 前面的问号（?）消失。下面输入下一个工步，在左侧的 SFC 程序编辑窗口中把光标下移到方向线底端，单击工具栏中的 按钮或单击【F5】快捷键，系统弹出“SFC 符号输入”对话框（图 5-11）。

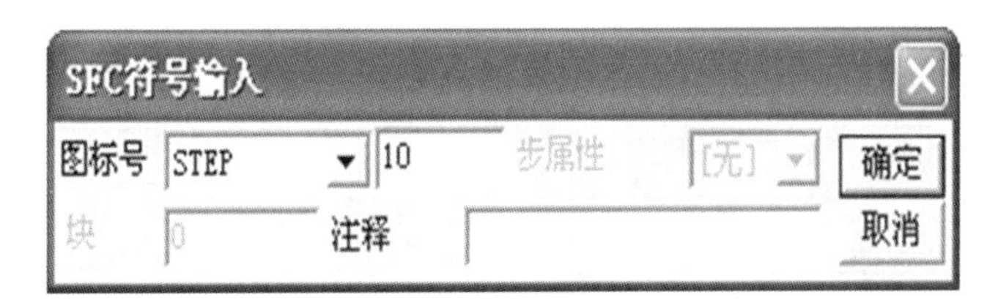

图 5-11　“SFC 符号输入”对话框

输入图标号后单击“确定”按钮，这时光标将自动向下移动。此时我们看到，步图标号前面有一个问号（?），表示对此步还没有进行梯形图编辑，右边的梯形图编辑窗口呈灰色的不可编辑状态（图 5-12）。

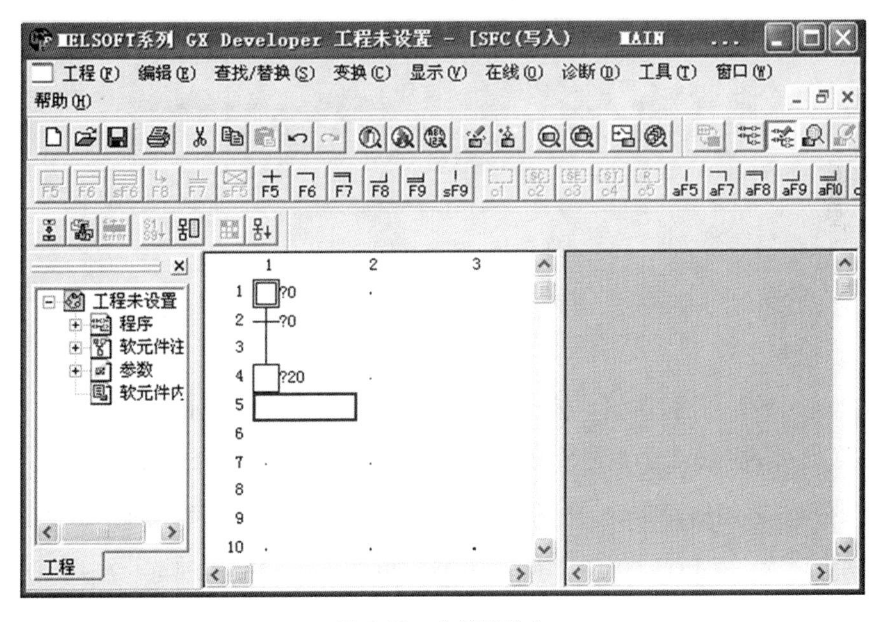

图 5-12　未编辑的步

下面我们对工步进行梯形图编辑。将光标移到步符号处并单击，此时可看到右边的窗口变成可编辑状态。在右侧的梯形图编辑窗口中输入梯形图。此处的梯形图是指程序运行到此工步时要驱动哪些输出线圈。本例中我们要求工步20驱动输出线圈Y1以及线圈T1，程序如图5-13所示。用相同的方法把控制系统的一个周期编辑完后，最后要求系统能进行周期性的工作，所以SFC程序中要设置返回原点的符号。在SFC程序中用(JUMP)加目的标号进行返回操作。输入方法是：把光标移到方向线的最下端，按【F8】快捷键或单击按钮，在弹出的对话框中填入跳转的目的步号，单击“确定”按钮(图5-14)。

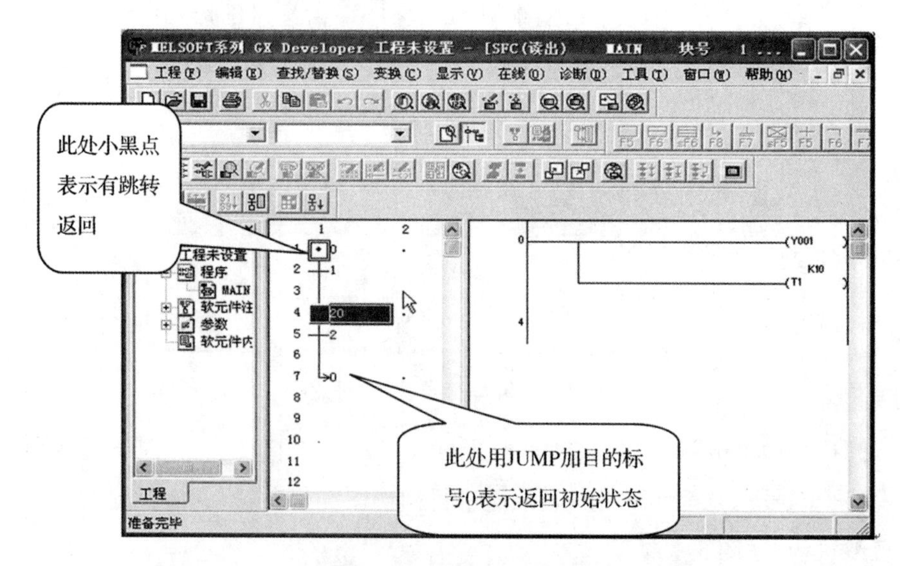

图5-13　完整的SFC程序

图5-14　输入跳转符号

如果在程序中有选择分支，也要用JUMP+目的标号来表示。在此我们只编写了单序列的SFC功能图。

当输入完跳转符号后，在SFC编辑窗口中可以看到有跳转返回的步符号的方框中多了一个小黑点儿，这说明此工步是跳转返回的目标步。这为我们阅读SFC程序提供了方便。

所有的SFC程序编辑完后，单击“变换”按钮，进行SFC程序的变换(编译)。如果在变换时系统弹出“块信息设置”对话框，只需单击“执行”按钮即可。变换完成后就可以进行仿真实验或将程序写入PLC进行调试了。如果想观看SFC程序对应的顺序控制梯形图，依次单击“工程”→“编辑数据”→“改变程序类型”命令，进行数据改变(图5-15)。

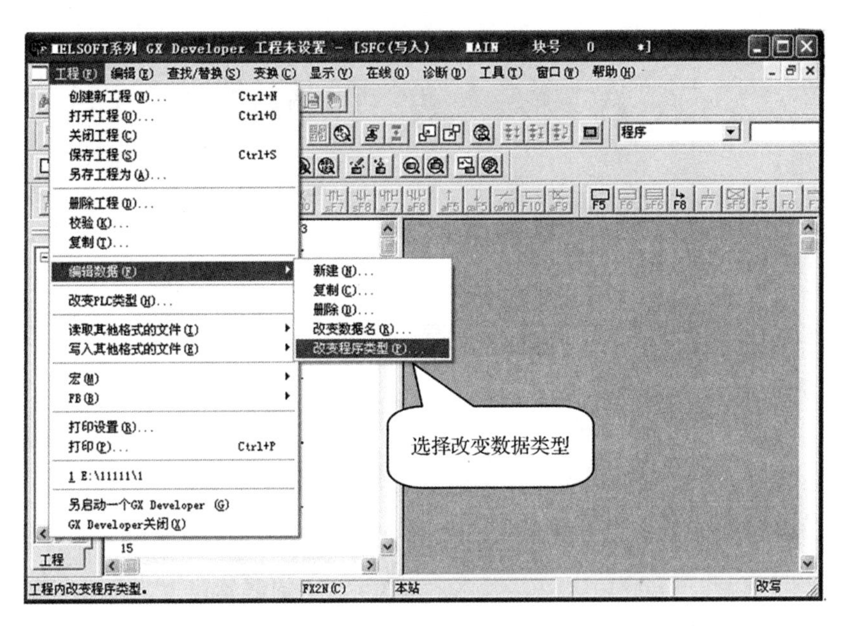

图 5-15　数据变换

改变后就可以看到由 SFC 程序变换成的梯形图程序(图 5-16)。

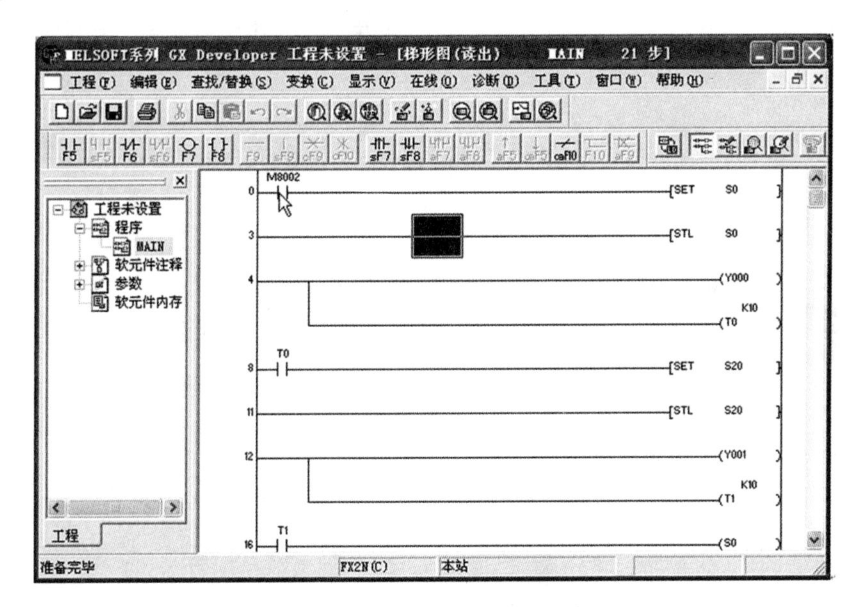

图 5-16　转化后的梯形图程序

以上介绍了单序列的 SFC 程序的编制方法,通过学习我们基本了解了 SFC 程序中状态符号的输入方法。在 SFC 程序中仍然需要进行梯形图的设计。SFC 程序中所有的状态转移都用 TRAN 表示。这一点一定要注意区别。当你明白了 TRAN 的用法后,你就会觉得 SFC 程序的设计是如此简单。

任务二　多流程结构编程

上一个任务介绍了单流程结构的编程方法。本任务深入讲解多流程结构的编程方法。多流程结构是指状态与状态间有多个工作流程的SFC程序，多个流程之间通过并联方式进行连接。并联连接的流程可以有选择性分支、并行分支、选择性汇合、并行汇合等几种连接方式。下面以具体的实例介绍。

例5-2　某专用钻床用来加工圆盘状零件均匀分布的6个孔。操作人员放好工件后，按下“启动”按钮X0。Y0变为ON，工件被夹紧。夹紧后压力继电器X1为ON，Y1和Y3使两个钻头同时开始工作。钻头钻到由限位开关X2和X4设定的深度时，Y2和Y4使两个钻头同时上行。钻头升到由限位开关X3和X5设定的起始位置时停止上行。两个钻头都到位后，Y5使工件旋转60°。旋转到位时，X6为ON，同时设定值为3的计数器C0的当前值加1。旋转结束后，钻床又开始钻第二对孔。3对孔都钻完后，计数器的当前值等于设定值3，Y6使工件松开。松开到位时，限位开关X7为ON，系统返回初始状态。根据例题要求写出的I/O表如表5-1所示。

表5-1　I/O表

I		O	
“启动”按钮	X0	工件夹紧	Y0
压力继电器	X1	两个钻头下行	Y1、Y3
两个钻孔限位	X2、X4	钻头上升	Y2、Y4
两个钻头原始位	X3、X5	工件旋转	Y5
旋转限位	X6	工件松开	Y6
工件松开限位	X7		

分析　根据题目要求,在练习纸上编写出顺序控制功能图,如图 5-17 所示。

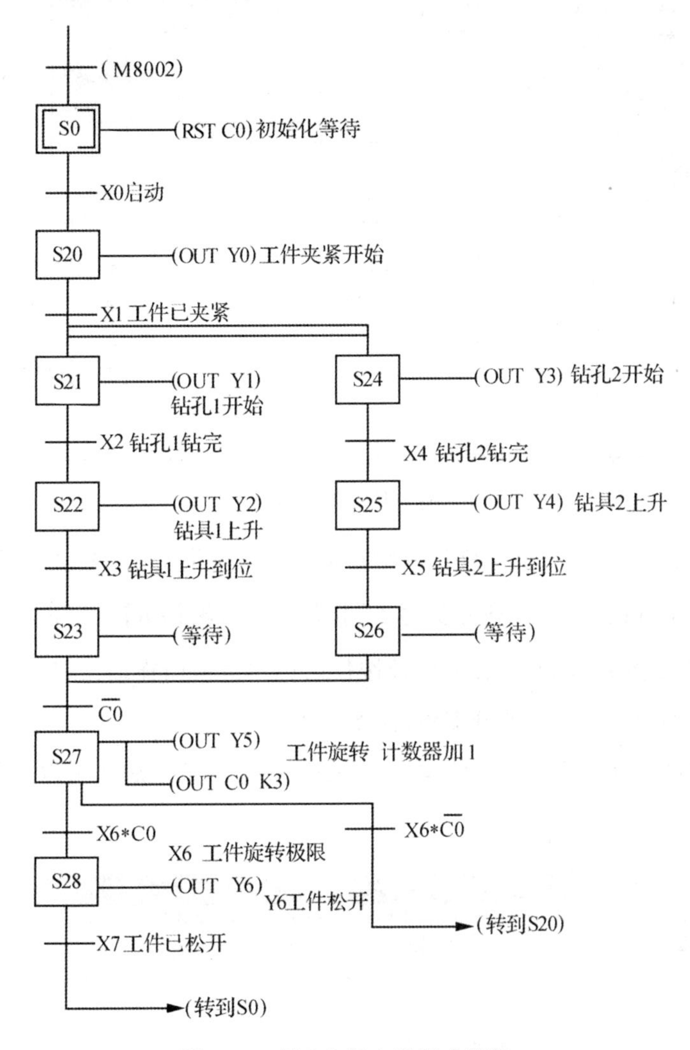

图 5-17　例 5-2 顺序控制功能图

打开 GX Developer 软件。设置方法前面已经介绍过,在此不再赘述。本例中利用 M8002 作为启动脉冲。

本例要求在初始状态时复位 C0 计数器,因此对初始状态我们做些处理。把光标移到初始状态符号处,在右边窗口中输入梯形图(图 5-18)。接下来的状态转移程序的输入与前相同。当程序运行到 X1 为 ON 时(压力继电器常开触点闭合),要求两个钻头同时开始工作,所以程序开始分支。

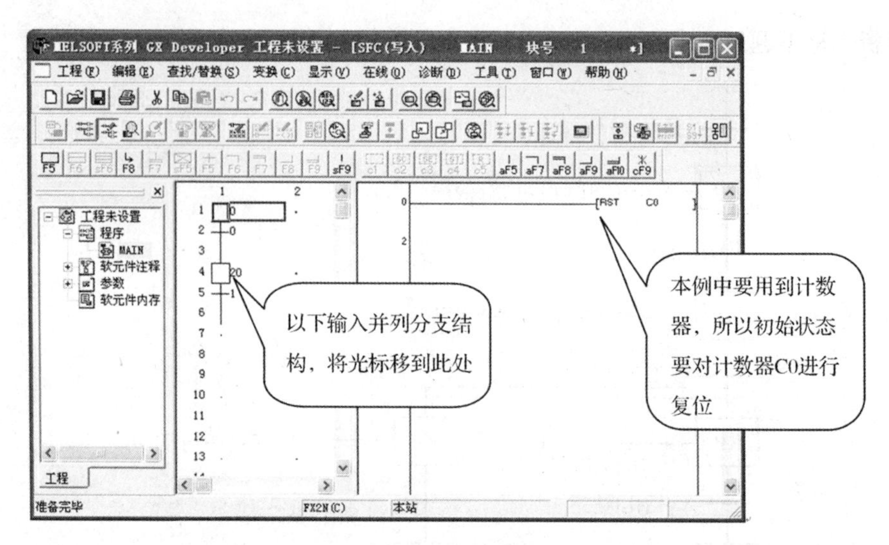

图 5-18　输入程序

接下来我们输入并行分支,要求 X1 触点接通状态发生变化。将光标移到条件 1 方向线的下方,单击工具栏中的“并列分支写入”按钮 aF8 或按【Alt】+【F8】快捷键,使“并列分支写入”按钮处于按下状态。在光标处按住鼠标左键横向拖动,直到出现一条细蓝线,放开鼠标,此时即输入一条并列分支线(图 5-19)。

注意:在利用鼠标操作进行划线写入时,必须在蓝色细线后才可以放开鼠标,否则输入失败。

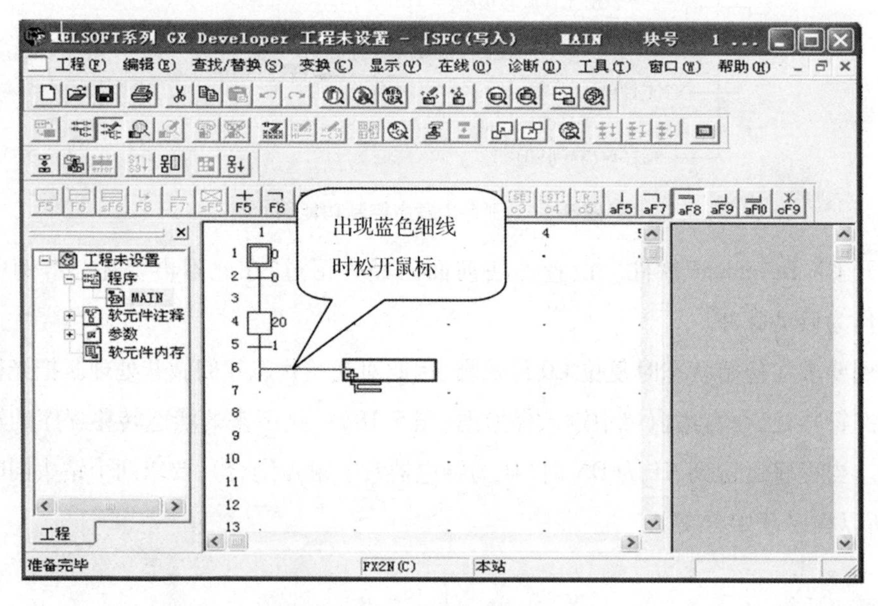

图 5-19　输入并列分支线方法一

也可以采用另一种方法输入并列分支线：双击转移条件 1，弹出“SFC 符号输入”对话框（图 5-20），在“图标号”下拉列表框中选择第三行“ == D”项，单击“确定”按钮返回，这时一条并列分支线就被输入完毕。并行分支线被输入以后的效果如图 5-21 所示。

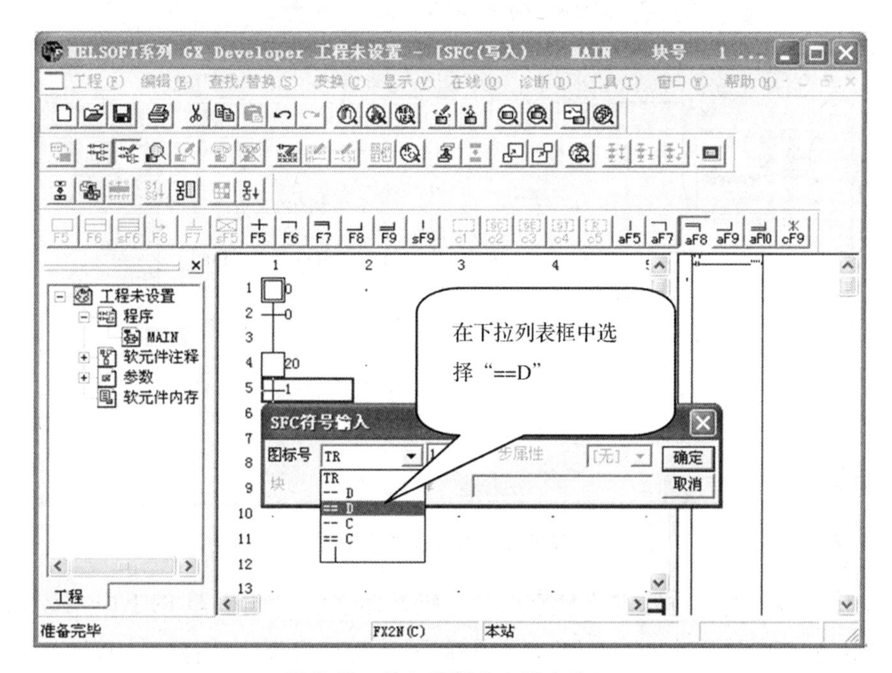

图 5-20　输入并列分支线方法二

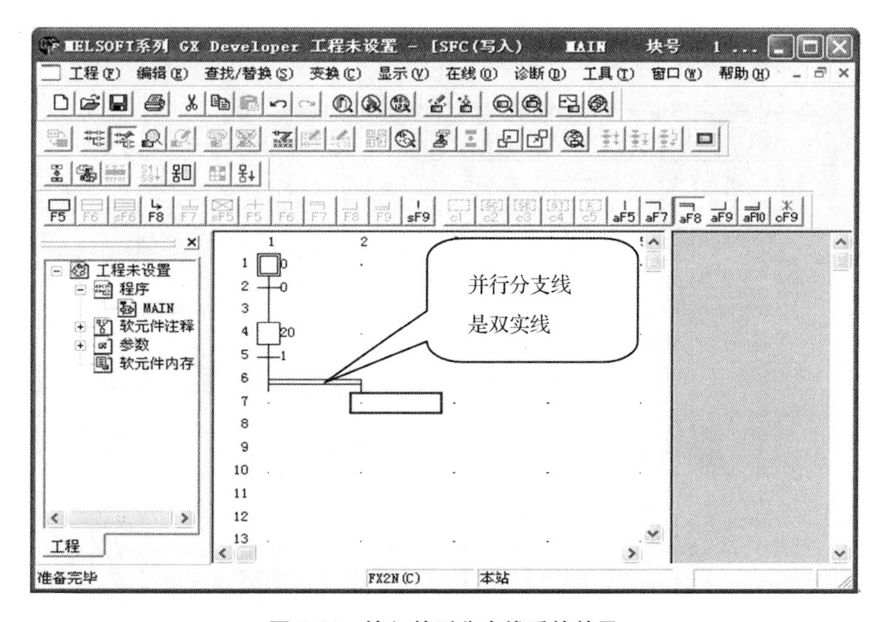

图 5-21　输入并列分支线后的效果

利用前面所学知识，分别在两个分支下面输入各自的状态符号和转移条件符号（图

5-22)。图中每条分支表示一个钻头的工作状态。

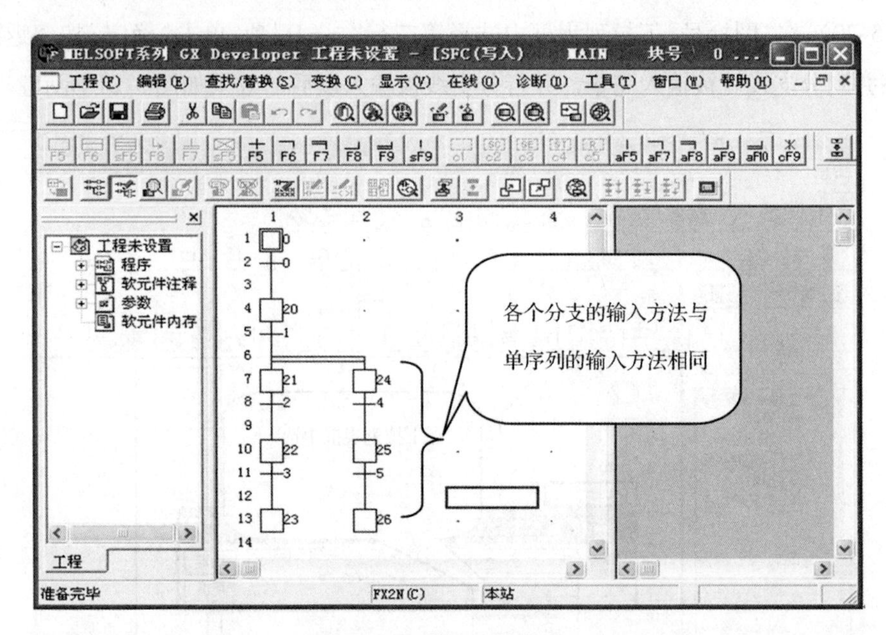

图5-22 输入分支符号

两个分支输入完成后要设置分支汇合。将光标移到步符号23的下面,双击鼠标左键,在弹出的"SFC符号输入"对话框的"图标号"下拉列表框中选择"==C"项,单击"确定"按钮返回(图5-23)。

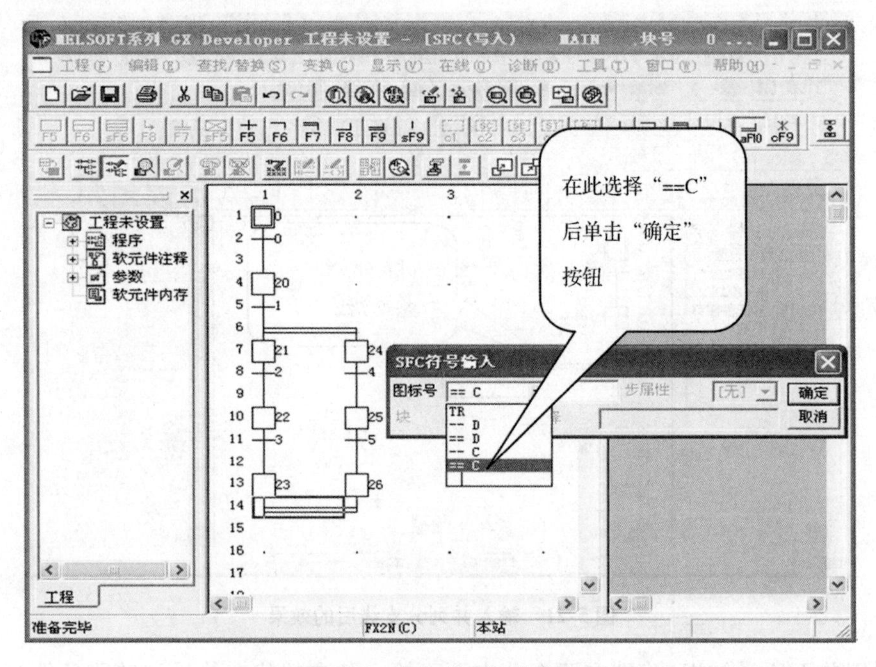

图5-23 输入并行汇合符号

当两条并列分支汇合完毕后，此时钻头都已回到初始位置。接下来的步骤是使工件旋转 60°。程序如图 5-24 所示，输入完成后程序又出现了选择分支。将光标移到步符号 27 的下端，双击鼠标左键，在弹出的“SFC 符号输入”对话框的“图标号”下拉列表框中选择“－－D”项，单击“确定”按钮，返回 SFC 程序编辑区。此时即输入一个选择分支（图 5-24）。也可利用鼠标操作输入选择分支符号。单击工具栏中的“选择分支划线写入”按钮 或按快捷键【Alt】+【F7】，使“选择分支划线写入”按钮呈按下状态。把光标移到需要写入选择分支的地方，按住鼠标左键并拖动鼠标，直到出现蓝色细线时放开鼠标，此时即写入一条选择分支线。

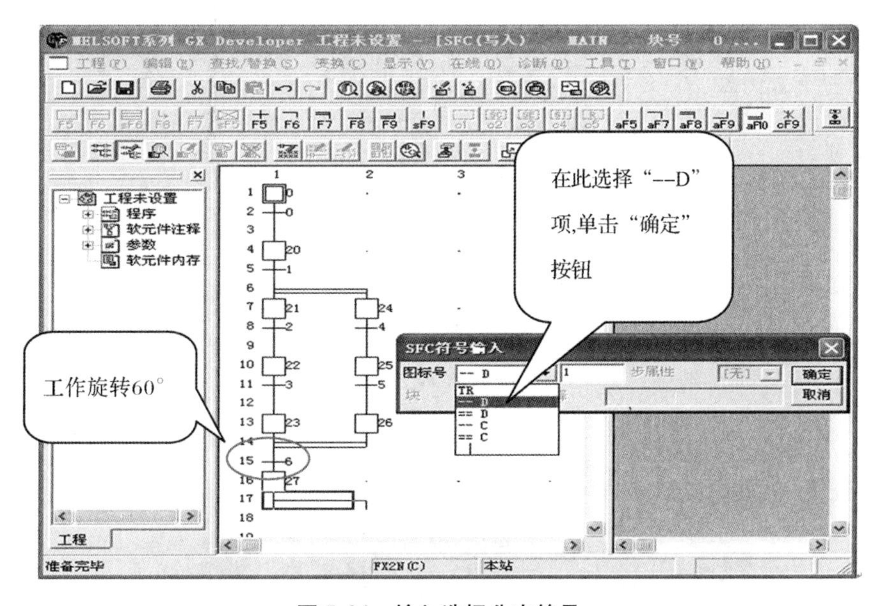

图 5-24　输入选择分支符号

如图 5-25 所示，在程序结尾处，用到了两个 JUMP 符号。在 SFC 程序中，状态的返回或跳转都用 JUMP 符号表示，因此在 SFC 程序中 JUMP 符号可以被多次使用，只需在 JUMP 符号后面加目的标号，即可达到返回或跳转的目的。

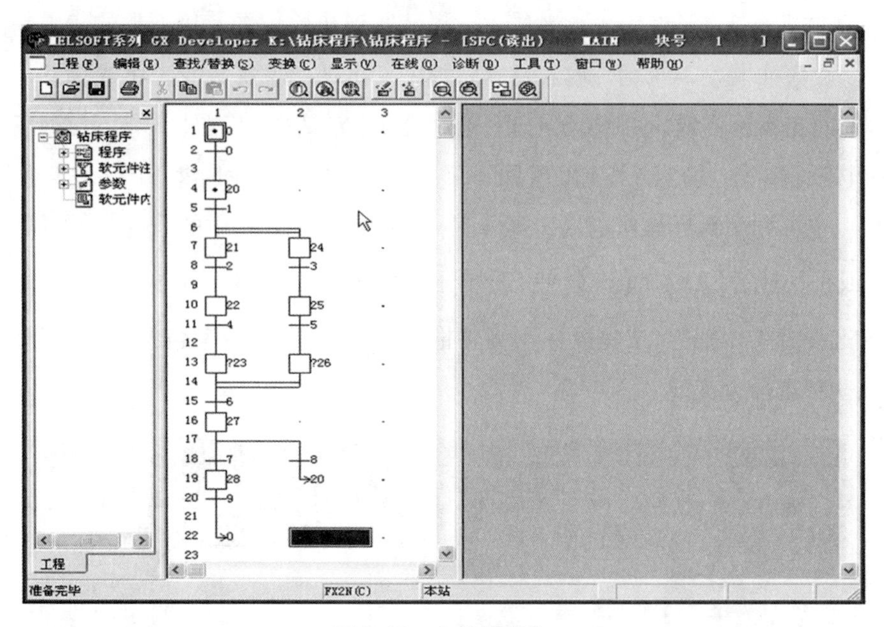

图 5-25　完整的程序

以上完成了整个程序的输入。

如果双击JUMP符号,在弹出的“SFC符号输入”对话框中的“步属性”下拉列表框处于激活状态,而且两个选项分别是[无]和[R](图5-26),当我们选择[R]时,跳转符号由↳0变为↓。[R]表示复位操作,意思是复位目的标号处的状态继电器(图5-25)。利用[R]的复位作用,我们可以在系统中增加暂停或急停等操作。

图 5-26　处于激活状态的SFC符号输入

以上我们对多流程结构的编程方法做了介绍,结合前面的学习方法,在右边输入梯形图也非常简单。本项目主要是对选择分支、并列分支、并行汇合符号的输入方法做了详细介绍。在具体进行编程操作时,可以选择最快的方法来提高工作效率。

项目六 认识传感器

任务一　认识传感器的基本组成、分类、应用和发展

1. 传感器的定义

国家标准(GB7665—1987)中传感器的定义是:能够感受规定的被测量并按照一定规律转换成可用输出信号的器件或装置。

① 传感器是测量装置,能完成检测任务。

② 输入量是某一被测量,可能是物理量,也可能是化学量、生物量等。

③ 输出量是某种物理量,便于传输、转换、处理、显示等,可以是气、光、电物理量,主要是电物理量。

④ 输出、输入有对应关系,且应有一定的精确程度。

传感器名称:发送器、传送器、变送器、检测器、探头。

传感器功用:一感二传,即感受被测信息,并传送出去。

2. 传感器的组成

传感器是检测系统的第一个环节,它是以一定的精度把被测量转换成与之有确定关系的、便于应用的某种量值的测量装置。根据传感器的功能要求,它一般由敏感元件、转换元件和基本转换电路三部分组成,如图 6-1 所示。

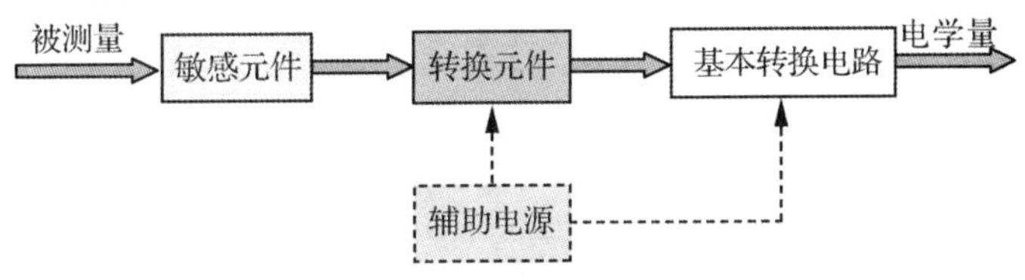

图 6-1　传感器的组成框图

① 敏感元件。敏感元件可直接感受被测量,并输出与被测量成确定关系的某一物理量。如金属或半导体应变片,能感受压力的大小而引起形变。形变程度就是其对压力大小的响应。铂电阻可以通过感受温度的升降从而改变其阻值。阻值的变化就是其对温度升降的响应。所以铂电阻是一种温度敏感元件,而金属或半导体应变片就是一种压力敏感元件。

② 转换元件。敏感元件的输出信号就是转换元件的输入信号,转换元件把输入转换成电路参量。上面介绍的敏感元件,其中有许多可兼做转换元件。转换元件实际上就是将敏感元件感受的被测量转换成电路参数的元件。如果敏感元件本身就能直接将被测量变成电路参数,那么,该敏感元件就具有敏感和转换两个功能。如热敏电阻,它不仅能直接感受温度的变化,而且能将温度变化转换成电阻的变化,也就是将非电路参数(温度)直接变成电路参数(电阻)。

③ 基本转换电路。若将上述电路参数接入基本转换电路(简称转换电路),这些电路参数便可被转换成电学量输出。

实际上,有些传感器很简单,有些则较复杂。大多数传感器是开环系统,也有些是带反馈的闭环系统。

最简单的传感器由一个敏感元件(兼转换元件)组成,它感受被测量时直接输出电学量,如热电偶。有些传感器由敏感元件和转换元件组成,没有基本转换电路,如压电式加速度传感器,其中质量块是敏感元件,压电片(块)是转换元件。有些传感器有多个转换元件。

3. 传感器的分类

传感器种类繁多,功能各异。由于同一被测量可用不同转换原理探测,利用同一类物理、化学或生物效应也可设计、制作出用于检测不同被测量的传感器。常见传感器的分类方法如表6-1所示。

表6-1 常见传感器分类方法

分类方法	传感器的种类	说明
按依据的效应分类	物理传感器	基于物理效应(光、电、声、磁、热)
	化学传感器	基于化学效应(吸附、选择性化学分析)
	生物传感器	基于生物效应(酶、抗体、激素等分子识别和选择功能)
按是利用场的定律还是利用质的定律分类	结构型传感器	通过敏感元件几何结构参数的变化实现信息转换
	物性型传感器	通过敏感元件材料物理性质的变化实现信息转换

续表

分类方法	传感器的种类	说明
按工作原理分类	应变式、电容式、电感式、电磁式、压电式、热电式传感器等	传感器以工作原理命名
按输入信号分类	位移、速度、温度、压力、气体成分、浓度等传感器	传感器以被测量命名
按输出信号分类	模拟式传感器	输出信号为模拟量
	数字式传感器	输出信号为数字量
按能量关系分类	能量转换型传感器	直接将被测量转换为输出量的能量
	能量控制型传感器	由外部供给传感器能量,由被测量控制输出量能量
按是否依靠外加电源分类	有源传感器	传感器工作时需外加电源
	无源传感器	传感器工作时无需外加电源
按使用的敏感材料分类	半导体传感器、光纤传感器、陶瓷传感器、金属传感器、高分子材料传感器、复合材料传感器等	传感器以使用的敏感材料命名

4. 传感器的应用领域

近年来,由于传感器的不断发展和完善,它已经被广泛应用于国防军事、航空航天、土木工程、电力、能源、机器人、工业自动控制、环境保护、交通运输、医疗化工、家用电器及遥感技术等领域。下面来看几个典型的应用。

(1) 传感器在航空航天领域中的应用

如图 6-2 所示,宇宙飞船除使用传感器对速度、加速度和飞行距离进行测量外,对飞行的方向、飞行姿态、飞行环境、飞行器本身的状态、内部设备的状态及内部环境(如湿度、温度、空气成分)等都要通过传感器进行检测。

另外,在飞机、人造卫星、宇宙飞船及船舶上对远距离的物体及其状态进行大规模探测应用的就是遥感技术。

图 6-2　传感器在航空航天领域中的应用实例

(2) 传感器在机器人中的应用

在劳动强度大或危险作业的场所以及一些快速度、高精度的工作中,利用机器人进行操作已部分取代人的工作。但要使机器人的功能和人的功能更为接近,就要给机器人安装视觉传感器和触觉传感器,使机器人通过视觉对物体进行识别和检测,通过触觉对物体产生压觉、力觉、滑动感觉和重量感觉。图 6-3 所示为传感器在机器人中的应用实例。

图 6-3　传感器在机器人中的应用实例

(3) 传感器在工业自动控制系统中的应用

传感器是自动检测与自动控制的首要环节。如果没有传感器对原始信息(信号或参数)进行精确、可靠的测量,系统就无法实现从信号的提取、转换、处理到生产或控制过程的自动化。可见,传感器在自动控制系统中是必不可少的。图 6-4 所示为传感器在楼宇自动控制系统中的应用实例。

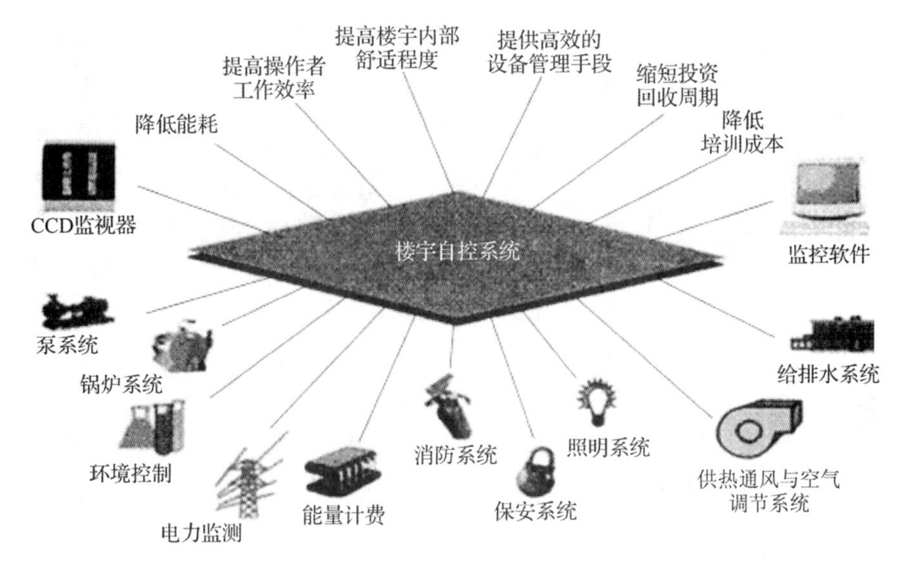

图 6-4　传感器在楼宇自动控制系统中的应用实例

在楼宇自动控制系统中,控制管理的机电设备——空调、给排水、变配电、照明系统及电梯等,使用了温度、湿度、液位、流量、压差、空气压力传感器;实现安全防护的设备——防盗、防火、防燃气泄漏、CCD(电子眼)监视器,使用了烟雾传感器、气体传感器、红外传感器、玻璃破碎传感器;自动识别设备——门禁管理系统,使用了感应式 IC 卡识别、指纹识别传感器;远程抄收与管理系统设备——水、电、气、热量,通过传感器设置远程自动化抄表;等等。

(4) 传感器在环境保护中的应用

大气污染、水质污浊及噪声已严重地破坏了地球的生态平衡和人们赖以生存的环境。利用传感器制成的各种环境监测仪器正在发挥着积极的作用。如水质、排污监控系统中的排污量、污水成分等,都使用传感器来监测。图 6-5 所示为传感器在环境保护中的应用实例——传感器在烟气测量中的应用。

图6-5 传感器在烟气测量中的应用实例

(5) 传感器在医学上的应用

传感器在医学上可以用来对人体的表面和内部温度、血压、腔内压力、血液和呼吸流量、肿瘤、脉搏和心音、心脑电波等进行诊断(图6-6)。它在早期诊断、早期治疗、远距离诊断及人工器官的研制等领域发挥了巨大作用。

例如,光纤光栅传感器能够测量人体组织内部温度、压力、声波场等精确的局部信息。光纤光栅传感器还被用来监测心脏功能。生物医学传感器在现代医学仪器设备中是必不可少的一个关键部件。

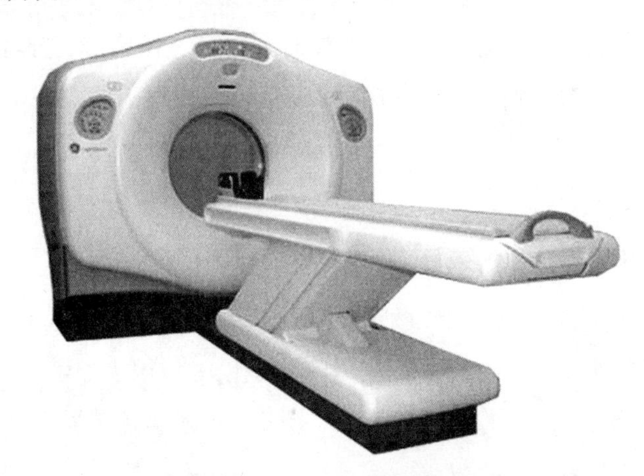

图6-6 传感器在医学上的应用实例

(6) 传感器在交通运输中的应用

传感器在交通运输中的应用也非常广泛,如被用于轴距检测、车速监控、车型分类、动态称重、收费站地磅、闯红灯拍照、停车区域监控、交通信息采集及机场跑道监控等。车辆内部传感器还被用于汽车安全气囊系统、防盗装置、防滑控制系统、防抱死装置、电子变速控制装置、排气循环装置、电子燃料喷射装置及汽车“黑匣子”等中。

(7) 传感器在日常生活中的应用

传感器在日常生活中随处可见,如电冰箱、电饭煲的温度传感器,空调的温度和湿度传感器,洗衣机的液位传感器,煤气灶的煤气泄漏传感器,水表、电表、电视机和影碟机的红外遥控器,照相机的光传感器等。

5. 传感器的发展趋势

随着科学技术的不断发展,新型传感器(如无线传感器、光纤传感器、智能传感器和金属氧化物传感器)在市场中所占的份额越来越大。传感器将向以下几个方向发展。

(1) 微型化

微型传感器是基于半导体集成电路发展起来的(MEMS 微电子机械系统),利用微机械加工技术将微米级的敏感组件、信号处理器、数据处理装置封装在一块芯片上,具有体积小、成本低、便于集成等明显优势,并可以提高系统测试精度。随着微电子加工技术,特别是纳米技术的进一步发展,传感器还将从微型传感器进化到纳米传感器。微型传感器的研制和应用将越来越受到各个领域的青睐。

(2) 集成化与多功能化

多功能集成传感器是传感器发展的一个重要方向,即在一个芯片上集成多种功能的敏感组件和同一功能的多个敏感组件,使得一个传感器可以同时检测多种信息。例如,日本研制出的复合压阻传感器,可同时检测压力与温度。

(3) 智能化

智能传感器是由一个或多个敏感元件、微处理器、外围控制及通信电路、智能软件系统相结合的产物,它兼有检测、判断、信息处理等功能。与传统传感器相比,它具有很多特点。例如,它可以确定传感器的工作状态,对测量资料进行修正,以便减少环境因素引起的误差;它可以用软件解决硬件难以解决的问题;它可以完成数据计算与信息处理工作;等等。智能传感器在精度、量程覆盖范围、信噪比、智能水平、远程可维护性、准确度、稳定性、可靠性和互换性等方面都远胜于一般的传感器。

(4) 仿生化

仿生传感器是通过对人的种种行为(如视觉、听觉、感觉、嗅觉和思维等)进行模拟,研制出的自动捕获信息、处理信息、模仿人类行为的装置。仿生技术是近年来生物医学和电子学、工程学相互渗透发展起来的一种新型的信息技术。随着生物技术等的进一步发展,在不久的将来,模拟身体功能的仿生传感器的能力将超过人类五官的能力,它将进一步完善目前机器人的视觉、味觉、触觉和对目标进行操作的能力,有着广阔的应用前景。

任务二 认识几种常用的传感器

1. 开关类传感器的种类

开关类传感器按照工作原理分类,如表6-2所示。接近开关又称无触点行程开关,能在一定距离(几毫米至几十毫米)内检测有无物体靠近。当物体与其的距离达到设定距离时,其就发出“动作”信号,而不像机械式的行程开关需要施加机械力。接近开关是指利用电磁、电感、电容原理进行检测的一类开关类传感器。而光电传感器、微波和超声波传感器等,由于检测距离可达几米甚至几十米,所以被归入电子开关系列。

表6-2 开关类传感器按照工作原理分类

大类	小类	参考照片	主要特点、应用场合
行程开关	限位开关		行程开关是一种无源开关,工作时不需要电源,但必须依靠外力,即在外力作用下使触点发生变化。因此,这一类开关一般都是接触式的。它具有结构简单、使用方便等特点。限位开关缺点是需要外力作用,触点损耗大,寿命短。 从严格意义上说,行程开关不属于传感器范畴
	微动开关		微动开关较限位开关行程短、体积小,一般有一组转换触点,被用于受力较小的场合
接近开关	电感式接近开关		电感式接近开关是利用电涡流原理制成的新型非接触式开关元件。它能检测金属物体,但有效检测距离非常小。不同金属的电导率、磁导率不同,因此,有效距离也不同。相同金属的表面情况不一样,有效距离也会不同

续表

大类	小类	参考照片	主要特点、应用场合
接近开关	电容式接近开关		电容式接近开关是利用变介电常数电容传感器原理制成的非接触式开关元件。它能检测固、液体,有效距离较电感式接近开关远。对于金属固体,有效距离较远;对于非金属固体,有效距离较近
	霍尔式接近开关		霍尔式接近开关是根据霍尔效应原理制成的新型非接触式开关元件。它具有灵敏度高、定位准确等优点,但只能检测强磁性物体
	干簧管式接近开关		干簧管式接近开关又称舌簧管开关,它是利用磁场力对电极吸引原理制成的非接触式开关元件。它能检测强磁性物体,有效距离较近,在液压、气压缸上被用于检测活塞位置
电子开关	光电式电子开关		投光器发出的光线被物体阻断或反射,受光器根据是否能接受到光来判断物体是否存在。光电式电子开关被应用得最广泛,它具有有效距离远、灵敏度高等优点。但在灰尘多的环境中,要注意保持投光器和受光器的洁净
	超声波式电子开关		超声波发生器发出超声波,接受器根据接受到的声波情况判断物体是否存在。超声波式电子开关检测距离远,受环境影响小,但近距离检测无效

2. 开关类传感器接线

开关类传感器有两种供电形式:交流供电和直流供电。

开关类传感器输出多由 NPN、PNP 型晶体管输出,输出状态有常开和常闭两种形式。

开关类传感器有二线制、三线制和四线制接线方式。连接导线多用 PVC 外皮、PVC 芯线。芯线颜色多为棕(bn)、黑(bk)、蓝(bu)、黄(ye)。

不同类型的传感器有不同的接线方式,如表 6-3 所示。

表 6-3 开关类传感器主要接线示意图

线制	NPN 输出	PNP 输出
直流三线制	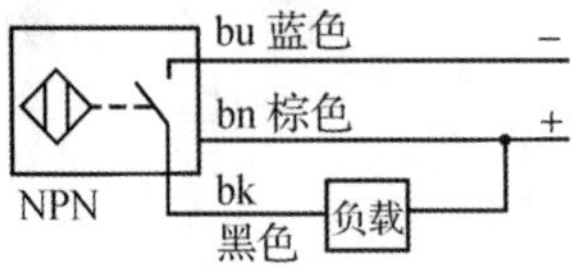 NPN 常开(NO)型	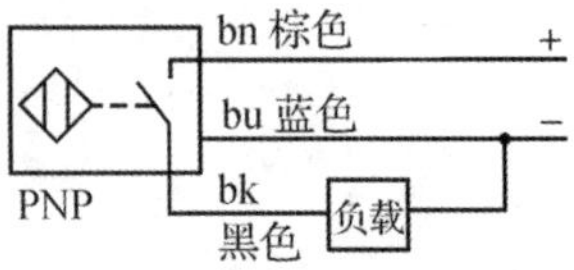 PNP 常开(NO)型
	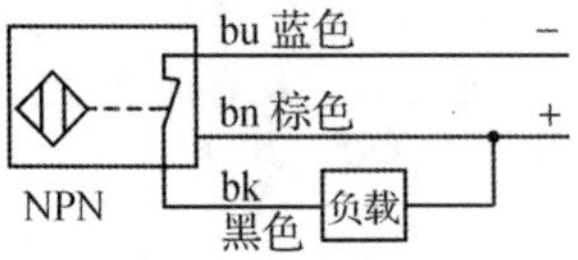 NPN 常闭(NC)型	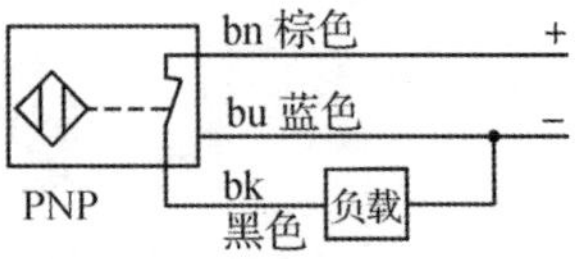 PNP 常闭(NC)型
直流四线制	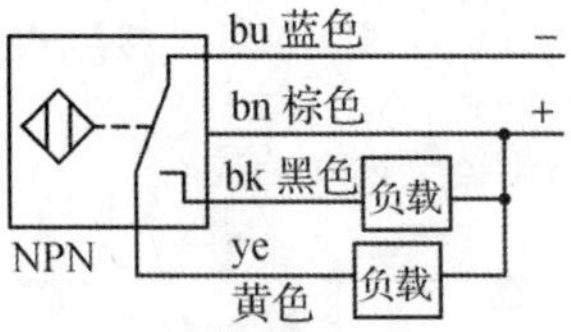 NPN 常开(NO)+常闭(NC)型	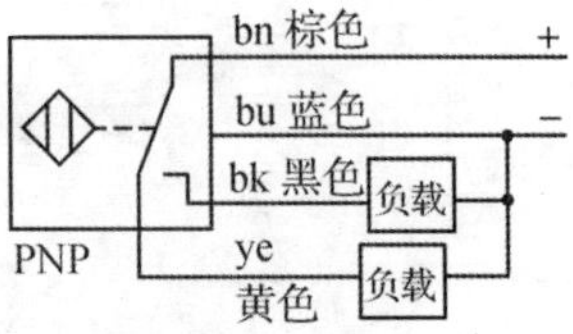 PNP 常开(NO)+常闭(NC)型
交流二线制	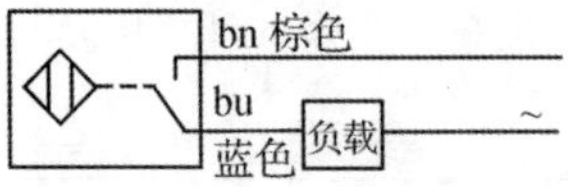 交流(AC)二线常开(NO)型	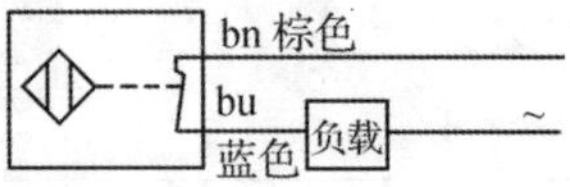 交流(AC)二线常闭(NC)型
直流二线制	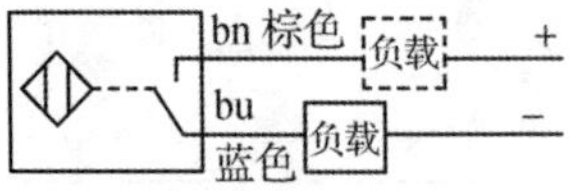 直流二线常开(NO)型	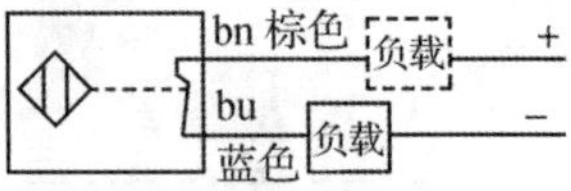 直流二线常闭(NC)型

3. 电感式传感器

电感式传感器是利用电磁感应把被测的物理量如位移、压力、流量、振动等转换成线圈的自感系数和互感系数的变化,再由电路转换成电压或电流的变化量输出,实现非电学量到电学量的转换的装置。根据引起电感量变化的不同,电感式传感器可分为自感式、互感式和涡流式三种。

(1) **电感式传感器的外形和结构**

根据不同的应用场合和工作原理,电感式传感器有不同的外形和结构。部分电感式传感器的外形和结构如图 6-7 所示。

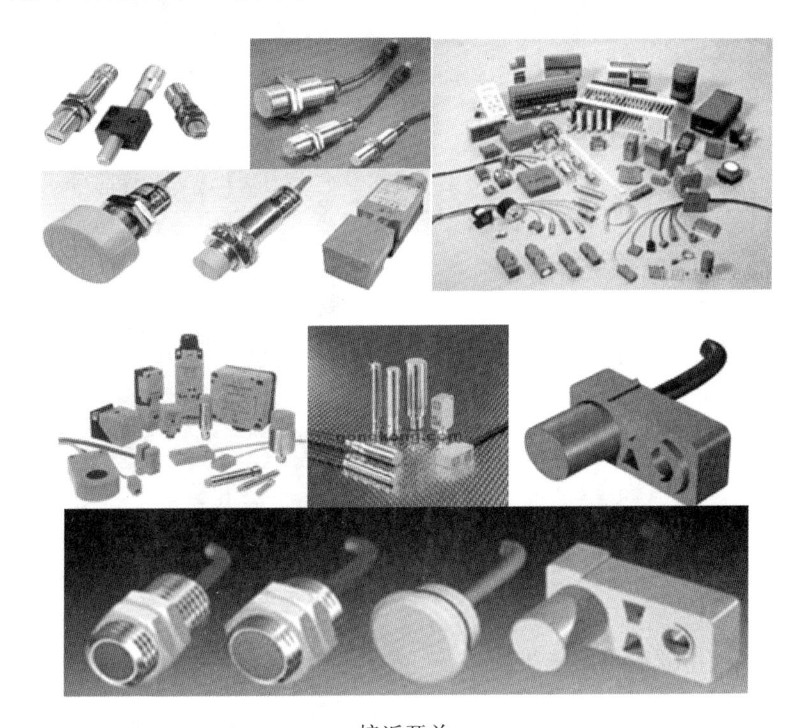

接近开关

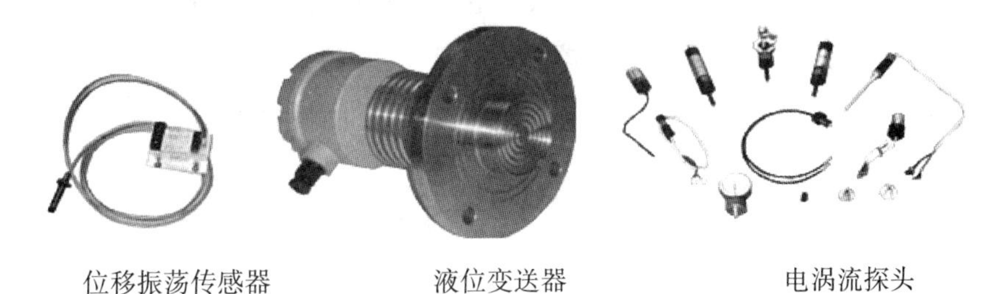

位移振荡传感器　　液位变送器　　电涡流探头

图 6-7　部分电感式传感器的外形和结构

(2) **电感式传感器的应用**

电感式传感器被应用得非常广泛,主要用于位移测量和可以转换成位移变化的机械量(如张力、压力、压差、加速度、振动、应变、流量、厚度、液位、密度、转矩等)的测量。图 6-8 所示为电感式传感器的应用实例。

（a）识别罐和盖子

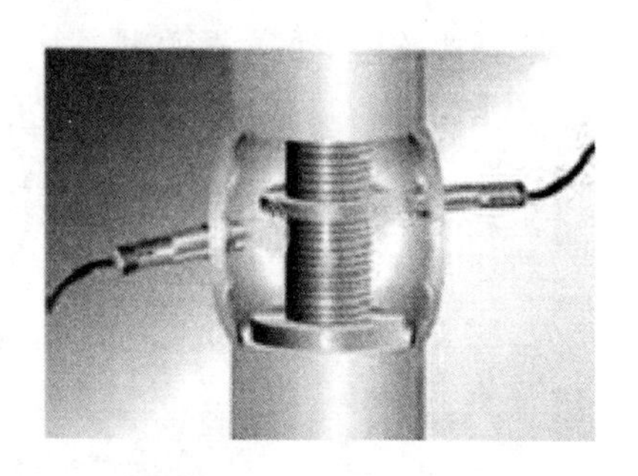

（b）识别阀的位置

（c）检测速度和方向

（d）识别断裂的钻头

图6-8 电感式传感器的应用实例

（3）电感式传感器的电路连接

电感式传感器一般采用三线制，且有传感器指示灯。当传感器有信号输出时，指示灯亮；当传感器没有信号输出时，指示灯熄灭。电感式传感器的工作电压一般为DC 10～30V。一般选用DC 24V的电源给传感器供电。安装电路时，棕色线接电源的“+”极，蓝色线接电源的“-”极，黑色线接信号输入端。当传感器用于为PLC提供信号时，接线图如图6-9所示。

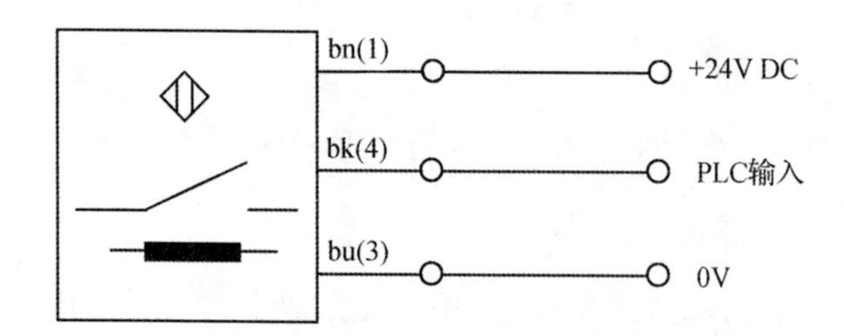

图6-9 电感式传感器接线图

4. 电容式传感器

电容式传感器是一种能将非电学量转换成电容量变化的传感器件。根据引起电容量变化参数的不同，电容式传感器可分为极距变化型、面积变化型、介质变化型三类。

(1) 电容式传感器的外形和结构

由于应用场合和用途不同，因此电容式传感器的外形和结构多种多样。图 6-10 所示为部分电容式传感器的外形和结构。

(a) 电容式接近开关

(b) 电容压差变送器　(c) 电容压差传感器　(d) 电容加速度传感器　(e) 电容式物位开关

图 6-10　部分电容式传感器的外形和结构

(2) 电容式传感器的应用

电容式传感器不但可用于位移、振动、角度、加速度等机械量的精密测量，而且正逐步应用于压力、压差、液面、料面、成分含量以及各种介质的温度、密度、湿度等的检测。图 6-11 所示为电容式指纹识别传感器的应用，图 6-12 所示为电容式加速度传感器的应用。

（a）笔记本指纹识别　（b）手机指纹识别　（c）汽车防盗指纹识别

图 6-11　电容式指纹识别传感器的应用

（a）钻地导弹中的应用　（b）在汽车安全气囊中的应用

图 6-12　电容式加速度传感器的应用

（3）电容式传感器的电路连接

电容式传感器一般也采用三线制，且有传感器指示灯。当传感器有信号输出时，指示灯亮；当传感器没有信号输出时，指示灯熄灭。电容式传感器的工作电压一般为 DC 10～30V。一般选用 DC 24V 的电源给传感器供电。安装电路时，棕色线接电源的“＋”极，蓝色线接电源的“－”极，黑色线接信号输入端。当传感器用于为 PLC 提供信号时，接线图如图 6-13 所示。

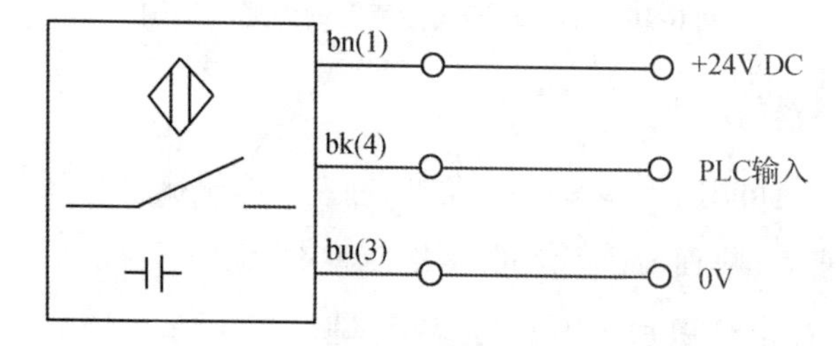

图 6-13　电容式传感器接线原理图

5. 光电式传感器

光电式传感器是一种将光信号转换为电信号的传感器。使用这种传感器测量非电学量时，只要将这些非电学量的变化转换为光信号的变化，就可以最终转换为电学量的变化。光电传感器在一般情况下由发射器、接收器和检测电路三部分构成。发射器对准物体发射光束。发射的光束一般来源于发光二极管或激光二极管等半导体光源。接收器由光敏二极管或光敏晶体管组成,用于接收发射器发出的光线。检测电路可滤出有效信号并应用该信号。常用的光电式传感器可分为漫反射式、反射式、对射式三种。

(1) 光电式传感器的分类

① 漫反射式光电传感器。

漫反射式光电传感器集反射器与接收器于一体。在前方无物体时,发射器发出的光不会被接收器接收到,开关不动作,如图 6-14(a)所示。当前方有物体时,接收器就能接收到物体反射回来的部分光线,通过检测电路产生开关量的电信号,使开关动作,如图 6-14(b)所示。漫反射式光电传感器的有效作用距离是由目标的反射能力决定的,即由目标表面的性质和颜色决定。

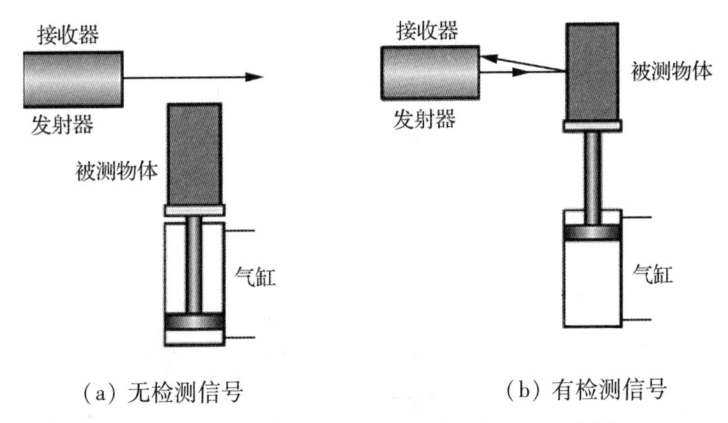

(a) 无检测信号 (b) 有检测信号

图 6-14 漫反射式光电传感器的工作原理示意图

② 反射式光电传感器。

反射式光电传感器也是集发射器与接收器于一体,但与漫反射式光电传感器不同的是其前方有一块反射板。当反射板与发射器之间没有物体时,接收器可以接收到光线,开关不动作,如图 6-15(a)所示。当被测物体遮挡住反射板时,接收器无法接收到发射器发出的光线,传感器即产生输出信号,使开关动作,如图 6-15(b)所示。这种光电式传感器可以辨别不透明物体,借助反射镜部件,形成较大的有效距离范围,且不易受干扰,可以可靠地被用于野外或者粉尘污染较严重的环境中。

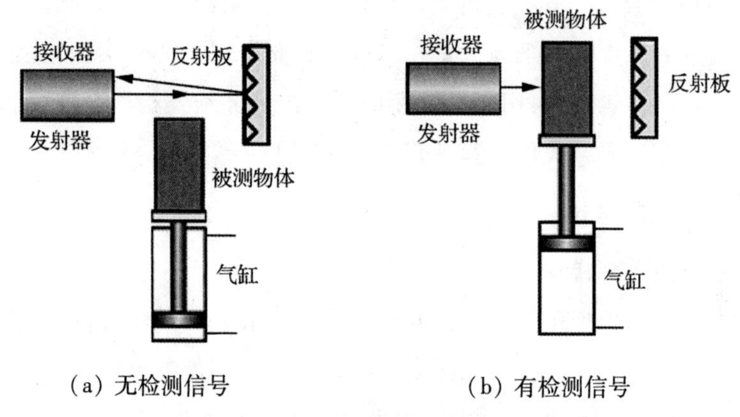

（a）无检测信号　　（b）有检测信号

图 6-15　反射式光电传感器的工作原理示意图

③ 对射式光电传感器。

对射式光电传感器的发射器和接收器是分离的。在发射器与接收器之间如果没有物体遮挡,发射器发出的光线能被接收器接收到,开关不动作,如图 6-16(a)所示。当有物体遮挡时,接收器接受不到发射器发出的光线,传感器产生输出信号,开关动作,如图 6-16(b)所示。这种光电式传感器能辨别不透明的反光物体,有效距离大。因为发射器发出的光束跨越感应距离的时间仅一次,因此不易受干扰,可以可靠地用于野外或者粉尘污染较严重的环境中。

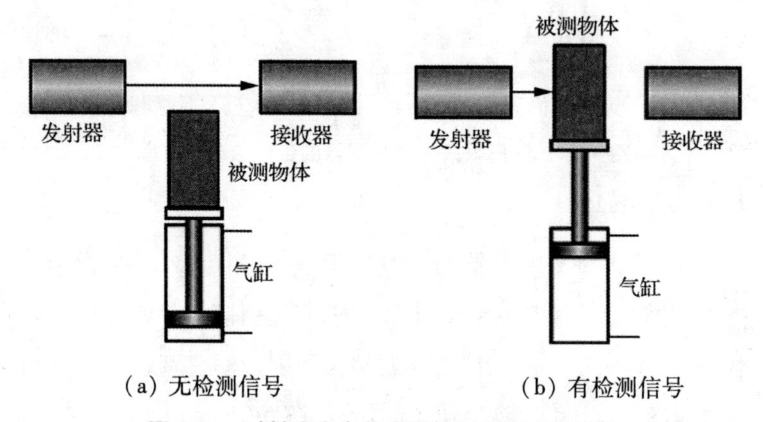

（a）无检测信号　　（b）有检测信号

图 6-16　对射式光电传感器的工作原理示意图

(2) 光电式传感器的外形和结构

光电传感器的种类很多,应用场合也各不相同,外形和结构更是多种多样。图 6-17 所示为部分光电式传感器的外形和结构。

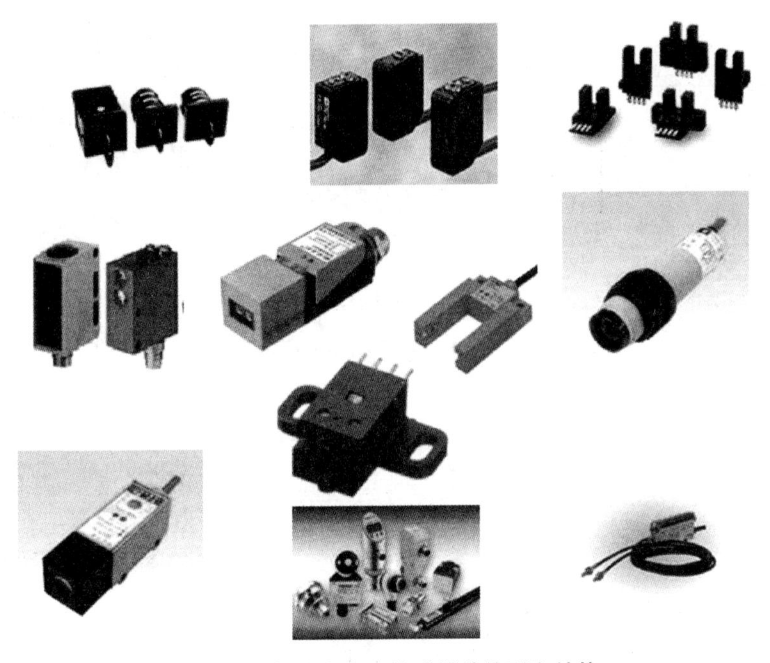

图 6-17 部分光电式传感器的外形和结构

(3) **光电式传感器的应用**

光电式传感器可用于检测直接引起光量变化的非电学量,如光强、光照度、辐射测温、气体成分等;也可用于检测能转换成光量变化的其他非电学量,如零件直径、表面粗糙度、应变、位移、振动、速度、加速度以及物体的形状、工作状态等。图 6-18 所示为光电式传感器的应用实例。

光电式传感器一般为直流三线式传感器,所以接线方法与电感式、电容式传感器相同。

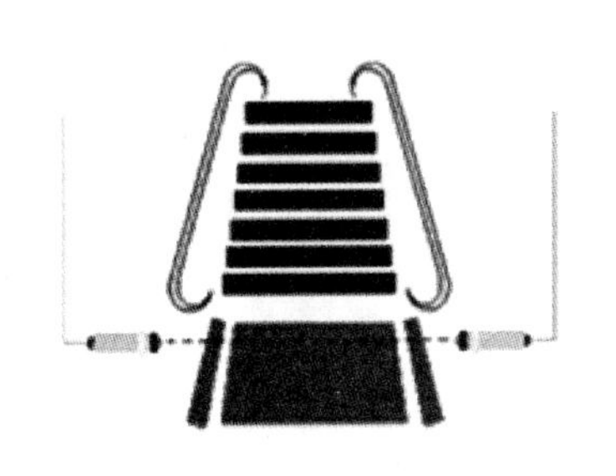

(a) 自动扶梯自动启动

(b) 产品计数

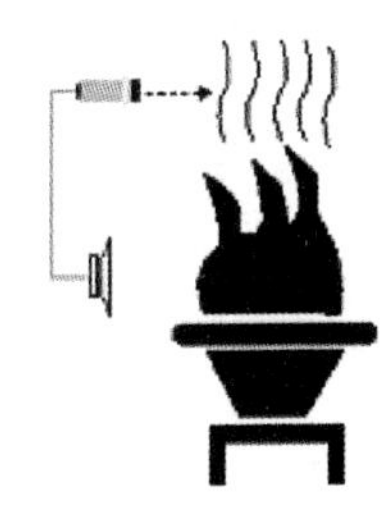

(c) 烟雾检测

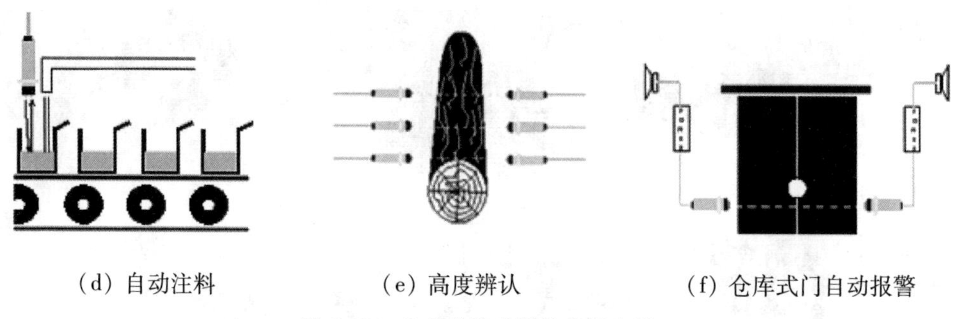

(d) 自动注料　　(e) 高度辨认　　(f) 仓库式门自动报警

图 6-18　光电式传感器的应用实例

习　题

6-1　传感器的组成有哪些？各组成的功能是什么？

6-2　传感器的应用领域有哪些？

6-3　何为电容式传感器？它的变换原理是什么？

6-4　试设计检测不同物质中水分含量的电容式传感器，画出其结构原理图，并分析其工作原理。

6-5　光电式传感器可分为哪几种？各自的主要用途是什么？

6-6　分析题：某个系统的检测单元安装了电感式、电容式和光电式传感器各一个，目的是识别工件的颜色和材质。现有银色（金属）、黑色（塑料）和红色（塑料）三种工件，试分析说明如何识别这三种工件并将检测结果填于表6-4中。（表格中填“+”表示有信号，填“-”表示无信号）

表 6-4　检测结果

工件	传感器		
	电感式	电容式	光电式
银色（金属）			
黑色（塑料）			
红色（塑料）			

参考文献

[1] 阮友德. 电气控制与PLC实训教程[M].2版.北京:人民邮电出版社,2012.

[2] 刘伟. 传感器原理及实用技术[M].北京:电子工业出版社,2006.

[3] 李稳贤,田华. 可编程控制器应用技术(三菱)[M].北京:冶金工业出版社,2008.

[4] 阮友德. PLC、变频器、触摸屏综合应用实训[M].北京:中国电力出版社,2009.

[5] 阮友德. 任务引领型PLC应用技术教程(上册)[M].北京:机械工业出版社,2013.

[6] 阮友德. 任务引领型PLC应用技术教程(下册)[M].北京:机械工业出版社,2013.

[7] 俞国亮. PLC原理与应用(三菱FX系列)[M].2版.北京:清华大学出版社,2013.

[8] 陈苏波. 三菱PLC快速入门与实例提高[M].北京:人民邮电出版社,2008.